魅力训练大课堂

修炼魅力女人100招

XiuLian
MeiLi NüRen 100 Zhao

朱吉亮◎编著

中国纺织出版社

内 容 提 要

随着生活中不同领域的转变,女人也在不断地转换着自己的角色。不管是什么角色,女人都希望能展现出不一样的魅力。毋庸置疑,有魅力的女人永远都是一道亮丽的风景,魅力是女人讨人喜欢的资本,内外兼修的女人才会赢得幸福。

本书运用柔和的笔触、生动的表达方式,通过对女性修养、品位、气质、神态、举止等的剖析,提升女性内在魅力;并通过对女性说话办事、性格心态等方面的阐述,提高女性的社交能力和综合素质。书中的经典案例,更能让女人由内而外地认识自己,为自己的魅力储存能量。

图书在版编目(CIP)数据

修炼魅力女人 100 招/朱吉亮编著. —北京:中国纺织出版社,
2012.7 (2024.4重印)

ISBN 978-7-5064-8493-0

Ⅰ.①修… Ⅱ.①朱… Ⅲ.①女性—修养—通俗读物

Ⅳ.①B825-49

中国版本图书馆 CIP 数据核字(2012)第 063057 号

策划编辑:曲小月 闫星 责任编辑:闫 星 责任印制:陈 涛

中国纺织出版社出版发行

地址:北京东直门南大街 6 号 邮政编码:100027

邮购电话:010—64168110 传真:010—64168231

http://www.c-textilep.com

E-mail:faxing@c-textilep.com

北京兰星球彩色印刷有限公司印刷 各地新华书店经销

2012 年 7 月第 1 版 2024 年 4 月第 2 次印刷

开本:710×1000 1/16 印张:19

字数:212 千字 定价:82.00 元

前言

　　美丽的女人是上帝的宠儿,无论走到哪里都会受人欢迎,她们的人生和事业,通常会比一般人顺利得多,但天生丽质、清水出芙蓉的美女毕竟是少数,许多女性只是长相平平,于是她们为了美丽而烦恼。实际上,女人大可不必为此烦恼,因为美丽的容貌是天生的,但女人的魅力却是可以修炼的。虽然我们不能改变父母给予的容貌,却可以通过后天的塑造,让自己变得魅力十足。女人应该记住,美丽和魅力之间并不能划等号,而魅力,则是比美貌更动人的风景。

　　女人的魅力来自于外在形象,女人需要给自己的形象明确定位。不管是容貌、形体,还是气质,每个女人都有自己的优势和不足,而定位也就是让自己的优势充分发挥出来,凸显出来,或端庄典雅,或时尚前卫,或浪漫性感。对自己的形象有了明确的定位,那就可以通过对服饰的色彩和风格,头发的造型和颜色以及妆容、饰品,乃至相应的眼神、动作等多方面的因素的综合把握,将自己鲜明的个性展露无遗。形象还包括掌握必要的社交礼仪,所谓"礼多人不怪",一个魅力十足的女人,一定是一个有礼貌的女人,不仅需要将"请"、"谢谢"、"对不起"挂在嘴边,还需要拿捏好一举一动的礼仪。

　　女人的魅力还在于内在素质,作为女人首先应该保持永远年轻的心。虽然,我们无法阻挡光阴的脚步,也无法阻挡皱纹爬上我们的额头,但只要拥有一颗年轻的心,就可以美丽一辈子。因为有魅力的女人,永远不会老,老去的不过是容颜。不仅如此,女人还需要提升内在的修养,读书、听音乐、弹钢琴、绘画,以此陶冶自己的情操,举手投足,尽显高雅。

美国女诗人杜拉斯曾说:"魅力是一种能使人开颜、消怒,并且悦人和迷人的神秘品质,它不像水龙头那样随开随关、突然迸发,它像根银丝巧妙地编织在性格里,它闪闪发光、光明灿烂、经久不灭。"人们都理解了,为什么那些充满魅力的女人,总是时时处处都透露着一种让人无法抗拒的吸引力和迷惑力。

本书可谓是女人修炼魅力的宝典,本书分为气质、品位、谈吐、心态四部分,分别系统地阐释了女人如何做到让外表的美丽、内在的修养、脱俗的品味、细节的精致、睿智地处事、聪明地理财达到一种平衡,更是教会女人如何做一个有风情的妻子、为自己解压、让心灵快乐,简而言之就是,本书将手把手教你如何做魅力女人。

本书用温柔的笔触,生动的表达方式,通过对女性内在修养的剖析,提升女性的内在魅力;通过对女性外在状态的阐述,来提高女性的综合能力。经典的案例,让女人由内而外地认识自己,装扮自己,为自己的魅力储存能量。

编著者
2012 年 3 月

CONTENTS

第一部分　做秀外慧中的气质美女

第二部分　做有品位顾健康的雅致女人

第三部分　做会说话会办事的睿智女人

第四部分　做性格好心态好的快乐女人

第一部分

做秀外慧中的气质美女

如果说女人如花，那么气质美女就是花中的极品。她们出众的仪表和优雅的谈吐，常常叫人过目不忘，印象深刻，使人不由自主地想要走近她们，了解她们，和她们亲近。这就是气质美女的魅力。她们既懂得恰如其分地穿衣化妆保养皮肤，装扮自己，让自己的外表看上去更加美丽，更加光彩照人，也懂得不断地学习充电，提高自己的内在素质，提升自己的气质和涵养。因为她们明白，在残酷的时间面前，再美的容颜也会有韶华不再、白发苍苍、满脸皱纹的一天，而迷人的气质却可以随着时光的沉淀，如陈年美酒一般，历时愈长，气味越醇厚芬芳，让她们还像年轻时那样充满无限魅力。聪明的女人从来不介意做一个花瓶，因为她有信心通过历练把自己打造成一件价值连城的艺术品。

第 1 章
外表的美丽是招牌

女人如水，了解一个女人的美丽如同细心地品茗。一个充满魅力的女人，首先要有美丽的外表和合适的妆容。一个女人，美丽的外表通常是她的招牌，或是五官精致的脸，或是白嫩的肌肤，或是长及腰部的直发，或是魔鬼般的身材，或是无可挑剔的妆容，这些都从不同方面展现了一个女人的魅力。拥有美丽的外表，是每一个女人的梦想。如果你是一个相貌平平的女人，也可以通过自己的创造，使自己变成一个美丽的俏佳人。女人要学会美白自己的肌肤，保养自己的秀发，塑造自己完美的身材，打造自己的穿衣品味，穿出属于你的美，美丽的女人是"妆"出来的。打造自己的美丽招牌，是你成为魅力的女人的第一步。

一白遮百丑，美白很重要

从古至今，"一白遮百丑"都被封为美容真理。通常那些皮肤白皙娇嫩的女人，能够获得较多的疼惜与怜爱。人们觉得一个女人的皮肤白了，就可以把其它许多的脸部缺点都遮盖了。当一个人第一次出现的时候，她的脸就会展现在大家面前。如果你是一个皮肤黝黑的女人，那么你站在人群中，就很有可能被埋没，没有谁会关注到你。相反，如果你是一个皮肤白皙的女人，你在人群中，美白的肌肤会让你成为亮点，所以，虽然你处在拥挤的人流中，但是别人还是一眼就发现了"那个女人好白"。所以，每个女人都希望自己能够白一点，再白一点。

美白是女性永恒的话题，皮肤暗、黑、黄以及脸上长斑都是所有女人的心头之恨。女人肌肤的白皙可以较好地遮盖一些脸部的瑕疵，比如说脸上的斑和痘痘。因为肌肤美白的女人远远看上去就是给人很白的感觉，如果你不近看，你就很难发现她脸上的一些斑点和痘痕。所以我们可以理解，为什么女人出门喜欢在自己的脸上扑一点粉了。那些用于化妆的粉底，它除了能够使妆容看起来漂亮之外，最重要的一个特点就是粉底有暂时美白的作用。所以，在脸上适当地擦一点粉底，就会使你的肌肤看起来洁白无瑕，没有一丝瑕疵。爱美是女人的天性，而美白则是女人的最爱。那些拥有暗黄、黝黑肌肤的女人偶尔会因为没有白皙的肌肤而自卑，甚至会有在自己脸上像刷墙一样刷出一片白来的想法；而那些天生肌肤就很白的女性，则会希望自己变得更白一点。另外，一个拥有白皙肌肤的女人，还可以弥补自己身上的一些不足。比如说五官不正、身材不美、个头太矮。如果你的眼睛也很小、塌鼻子、嘴唇也不性感，这样搭配在一起的五官不会是一个美女，但是只要你天生就有一身白皮肤,那也可以让你看起来很可人。如果你个子又矮,而且身材臃肿,外表给人的感觉就是一个"矮冬瓜",但是你的皮肤洁白无瑕,也会让你看起来很可爱。女人深知皮肤白的众多好处,于是美白成为她们打造自身魅力的第一步。

女人为了拥有白皙的肌肤,于是就开始自己的美白计划。女人拥有白皙的皮肤,有两方面的原因。有的女人是天生就是一身白皮肤,那就不需要继续美白,只需保养就行了。而有的女人天生就是皮肤暗黄,那么你也别梦想着某一天能比天鹅还白,那毕竟不是很可能的事情,你只是需要根据自己的肤质做一些改变,让自己的肤色稍微变得白皙一点。在实施你美白肌肤计划的时候,最好不要使用化妆品来达到美白,你可以通过吃一些有美白作用的食物。美丽总是由内而外的,饮食也是美白链条中绝对不可缺少的一环,如维生素C、蛋白质、矿物质、维生素A都是美白肌肤的优质营养来源。因此,对于女性来说,在食用含有这些成分的蔬果时,最好以生食为主,如果不能生食,就以煮汤的方式代替。另外,富含维生素的食物可以配合油来烹调,这样更有利于身体的吸收。

1. 番茄

番茄维生素C含量非常丰富,如果我们每天食用300克番茄,就可以为身体提供足够的维生素及矿物质。无论是榨汁还是熟吃,番茄都有很好的美白效果。另外,番茄中的谷胱甘肽,还能有效维护细胞的正常代谢,减少黑色素的沉淀。也因为这个原因,番茄成了很多美白达人的不二选择。

2. 牛奶

牛奶的美白作用同样不可小觑。牛奶中含有丰富的维生素和蛋白质,可以有效促进体内新陈代谢的进行,预防痘痘、黑斑等问题的出现。经常饮用鲜牛奶可以让我们的皮肤光滑白嫩。

3. 西兰花

西兰花含有大量的维生素A、维生素C和胡萝卜素,无论是凉拌,还是清炒都能有效增强皮肤的抗损伤能力,对于保持皮肤的弹性非常有帮助,而且美白效果相当显著。

4. 红枣

红枣为滋补佳品,常食可益气补血,体内气血充盈,皮肤自然会由内而外地白出来。

5. 白菜

白菜中维生素 C、维生素 E、β－胡萝卜素等含量异常丰富,总的维生素含量比番茄还要高出 3 倍之多,对皮肤具有很强的抗氧化作用,抗衰老的功效也十分明显。

另外,为了使自己的皮肤变得白皙有光泽,要注意摄入富含维生素 E 的食物,维生素 E 在人体内是一种抗氧化剂,特别是脂肪的抗氧化剂。维生素 E 能够抑制不饱和脂肪酸及其他一些不稳定化合物的过氧化,从而有效地抵制了脂褐素在皮肤上的沉积,可以让皮肤变白。你可以经常食用一些富含维生素 E 的食物,如卷心菜、芝麻油、菜花、芝麻、葵花子、葵花子油、菜籽油等。而富含维生素 C 的食物可以阻断黑色素的形成,你可以多吃富含维生素 C 的食物,如酸枣、鲜枣、番茄、刺梨、柑橘,新鲜绿叶蔬菜等。

除了食用一些天然的食物可以帮助你美白皮肤,你可以在盛夏的时候,注意保护自己的皮肤,免遭紫外线的伤害,无论天气阴晴,都要做好防晒措施;另外要保持自己良好的生活习惯,不要熬夜,不要酗酒、抽烟;注意保持生活环境的空气质量,在室内种植绿色植物,保持室内洁净、通风;保持快乐的心情,坚定获得美白肌肤的信念,愉悦的心情可以帮助你促进新陈代谢,由内至外将美白能量自由释放。

让秀发在肩头尽情舞动

女人的秀发就如同你的第二张脸,拥有一头飘逸美丽的秀发,不仅女性自己会增添自信与魅力,还可以吸引众多男性的目光。所以,做一个美丽的女人,你就应该好好地爱护自己的一头秀发。女人的头发实际上被视为她的第二特征之一,女人的秀发所展现出来的温柔、妩媚的女性美,是其他内在与外在特征都无法超越的。男人在感觉女人的吸引力时,往往会从她的头发开始。如果你从背后看女人,你会发现她的头发几乎占了她整体形象的一半。就是从正面看女人,她的头发也堪称"第二主角"。色泽、香味和动感的完美统一,会成为男人无法抵御的诱惑。

很多女性对于自己的发型也十分看重,大多数女人几乎每周都要去美发厅做头发。当小学老师的文女士就是这一潮流的追随者,她还拥有自己指定的发型师。已经45岁的文女士坚持认为"女人可以没有华服,但是绝对不能没有秀发,否则即使长得再出色,美丽和光彩也会大打折扣。"

若女人希望自己的秀发能够拥有万千魅力,为自己的整体形象加分,重要的就是你要有一头发质还不错的头发。也有不少女人对自己的头发不满意,或是天生就头发稀少,或是暗淡枯黄无光泽,这些都会使你的魅力大打折扣。中医认为,肾藏精,其华在发。血只是毛发营养的来源,肾才是毛发健康的根基。所以,要想让自己的秀发光泽黑亮,像瀑布般一泻而下美丽动人,就要先把自己的身体调养好,多吃新鲜的水果蔬菜,多吃一些补肾的食物,日常饮食尽可能地做到营养全面。只有这样,我们的气血才会充足,肾气也才会充盛,秀发自然而然就会浓密、柔润、光亮,像丝绸一般顺滑。

1.蛋白质含量丰富的食物

头发本身就是一种角化的蛋白质。为了让秀发健康地生长,每天摄取一定量的蛋白质对我们的秀发非常有好处。平时可以多吃一些含有蛋白质的食物,如鱼类、蛋类、肉类、豆制品、奶制品,这些食物里面都含有大量的蛋白质,可以给我们的秀发提供充足的营养来源,而且还可以使我们的秀发远离变黄、开叉等烦恼。

2.绿色蔬菜

菠菜、韭菜、圆辣椒、芹菜、绿芦笋等绿色蔬菜,能有效地帮助黑色素运动,加快体内细胞的新陈代谢,使我们的秀发乌黑亮泽,而且,这些绿色蔬菜中还含有丰富的纤维质,能不断地增加我们秀发的数量,使我们的秀发更加充盈动人。

3.黑色食物

像黑米、黑豆、黑芝麻、黑木耳、香菇、乌鸡等都属于黑色食物。日常生活中,多吃一些黑色食物,不仅能使我们的体质得到很大的改善,还能预防疾病,使我们看起来更年轻,更重要的是能让我们的秀发呈现出健康自然的状态。即使在不用任何护发产品的情况下,也一样可以乌黑、亮丽、弹性十足。

4.富含胶质的食物

牛蹄筋、鸡翅、鸡皮、猪蹄、鱼皮及软骨等食物中,均含有大量胶原蛋白,因此被人们形象地称为胶质食物。常吃胶质食物不但可以让我们的皮肤看上去丰润饱满,有光泽,而且还能让我们的秀发变得更加强韧。

总之,想要使秀发美丽动人,除了拒绝使用劣质的护发产品,适当地减少美发次数,我们还必须注意自己的日常饮食,在吃好的基础上,还要吃得健康。多吃天然材质的食物,多喝水,少吃油炸类、烧烤类食品和颜色鲜艳的熟食,让血液尽量保持干净。这样,我们的身体才会更健康。而只有身体健康,气血充足,才会有多余的营养输送给秀发,我们的秀发才会保持长久的滋润亮泽。

拥有了一头健康的秀发,那怎么让你秀发变得更漂亮呢?首先就是根据自己的脸型、肤色、身高、体形、气质选择合适的发型,这就需要你与自己的发型师好好地沟通。只有你的发型与你的气质、脸型、身材相配,才能使你的整体魅力展现出来。所以选择适合自己的发型,对于一个女人来说,是相当重要的。

1. 用你的气质打动发型师

女人在去美发厅之前,要恰当地让自己的服饰和妆容体现出自己的个性气质。一般来说,发型师看见的只是一个静态的你,一些好的发型师可能还会跟你聊聊你的职业和兴趣,但最直观的仍旧是你的脸型。所以,你的打扮要能展现出你内在的气质,这也许能在一瞬间唤起发型师的创作灵感。发型师会根据你的整体气质,在一些细节方面给你做适当变化,就会让你的形象焕然一新。

2. 通过脸型来调整你的发型

脸型与发型的黄金搭配法则就是互相弥补。如果你是瘦长的脸型,就应该让发量向两边加宽;如果你是上尖下宽的三角脸型,就要让发型上重下轻。

而你需要是否烫发也一定要根据自己的脸部特征来决定。如果你是直线型脸,那么就可能不适合过于卷曲的浪漫式烫发;如果你的脸部线条柔和,那"清汤挂面"的直发可能就不适合你的女性特质;如果你介于中间,那么恭喜你,直发或烫发对于你来说,都是非常适合的。

3. 让发型呼应你的身材

有的女人会选择在自己的秀发上挑染一些颜色,其实染色不仅仅是在头发上着色,更是凸显自己发型的魔法石。在确认了你的发型和色彩的风格后,还应该考虑一下你的身材。个子高而丰满的人适合有一定量度与长度的头发,而小巧的人则可多一些层次及飘逸的感觉,只有拥有这种量身为你定做的发型,才有可能达到事半功倍的效果。

女人的好身材比脸蛋儿更重要

在电影《铁皮屋顶的猫》里，当伊丽莎白·泰勒扭动腰肢华丽转身时，镜头里的一个男人对另一个男人说："她的身材真棒。记住，女人的身材比脸蛋更重要。"对于女人来说，自己拥有傲人的身材比拥有漂亮的脸蛋更有魅力。脸蛋始终是父母给的，就算是不漂亮，也只有认了，虽然现在整形医学越来越流行，但是因为整形失败的案例也是比比皆是。所以对于大多数女人来说，为了美丽去挨刀子，而且还没有任何保障的情况下，她们是不会去尝试的。但是身材就不一样了，虽然你不能决定你的身高，但是依然可以练就姣好性感的身材。女人的身材是可以通过自己的锻炼来达到目的的，减去多余的赘肉，让自己变得更加骨感；为自己瘦弱的身体增点肉感，让自己变得丰满、性感。总之，女人越来越明白拥有好身材比漂亮的脸蛋儿更重要。

拥有魔鬼般的身材，是每一个女人的梦想，也是她们蜕变美丽的途径。一个好身材的女人，如果走在大街上，绝对会有百分之九十九的回头率。那修长的美腿，性感的身材，该瘦的地方绝对不会胖，该胖的地方绝对不会瘦，这样匀称美丽的身材通常是男人们喜爱，女人们的羡慕、嫉妒的对象。当你看见那些活跃在时尚前沿的T台模特们，你就会发现"女人的好身材比脸蛋更重要"了。很多女性模特的制胜点就在于拥有高挑、性感的身材，通常女人只要有一张并不太讨厌的脸，再搭配姣好的身材，那么整体看起来就会魅力大增。一个好的身材通常是你整体气质的重要组成部分，另外，一个女人如果拥有好身材，那么她就是天生的衣架子。只要是合适的衣服，穿在身上都会很显得更加漂亮，那并不是衣服的魅力，而是她自己身材的魅力。好的身材，无论穿什么衣服都会很合身，而不用担心买不到衣服。而且当新的一季服装出来的时候,你就可以凭着自己的好身材,一穿为快了。

可是有不少女人总是对自己的身材不满意,或是太瘦了,或是太胖了,或是比例不协调。由于担心自己的身材不够好,所以显得很自卑。不敢和好朋友一起出去逛街,因为朋友的好身材让她自惭形秽;也不愿意尝试一些性感的裙子,一年四季总是穿着比自己大一号的衣服;因为对自己不够自信,所以与自己喜欢的人擦肩而过。拥有完美的身材是每个女人的梦想,但怎么样才能让我们身体的曲线更加优美呢? 下面就让我们一起来了解下塑造完美身材需要注意哪几个方面:

1. 早餐要吃好

很多时候,由于怕早上迟到,很多人不吃早餐就上班去了,殊不知不吃早餐对我们的身体健康危害极大。早上不吃,中午饿过头了再吃午饭胃里会更难受,长此以往,将会对我们的消化系统造成很大的伤害,而且也不利于我们塑造完美的身材。所以很多健康专家纷纷建议人们不但要吃早餐,而且要吃得像皇帝一样。因为营养丰富的早餐除了是我们一天精神振奋的能量来源,按时按量进餐还有利于我们的形体美。

2. 不经常穿高跟鞋

高跟鞋自诞生的那一天起,便注定让女人对它又爱又恨。穿上它,女人瞬间可以变得女人味十足,吸引男人的目光。可穿久了,脚又会受不了,腿也会又酸又痛。长期穿高跟鞋还会造成我们的重心向前,脚也会慢慢地变形,不但影响我们的身体健康,还会影响我们塑造完美的身材。所以除了社交场合,平时还是尽量少穿高跟鞋。

3. 保持良好的坐姿

生活中,很多女人坐着的时候,都喜欢跷腿而坐,觉得这样坐很舒服。但是,就是这样一个看似不起眼的习惯,却让很多女人的身体在不知不觉中走了形,变了样。因为跷腿的过程中,我们的腿部肌肉会受到一定程度的挤压,使腿部的线条变得不再那么圆润流畅,破坏了我们的形体美。而保持良好的坐姿,不但会为我们的仪态加分,还不容易感到疲劳。

4.选择适合自己的内衣

很多女人为了让自己的胸部看起来更挺,乳沟更深,选内衣的时候,一味地追求侧收效果,把胸硬往一块挤,却不知道这样的内衣往往会在我们的背后勒出难看的余肉。同样选内裤的时候,如果不注意尺寸,也会将我们的缺点完全暴露出来。所以,选择适合自己的内衣非常重要,好的内衣不但会帮我们塑造出完美的身材,而且还对我们的身体健康大有好处。

5.选择正确的睡姿

正确的睡姿对我们的睡眠非常重要,对女人来说,恰当的睡姿同样有助于我们塑造完美的体形。千万不要像婴儿一样趴着睡,这样不但会压迫心脏,还会使胸部变形,有损于我们的形体美。正确的睡姿应该是仰躺,让身心同时得到放松而自然入睡。

女人要保持好的身材,除了注意以上五个方面以外,还要适当注意自己的饮食。有的女人为了减肥,保持好的身材,于是选择节食来达到目的。这是非常不可取的方法,如果你想拥有丰满的身材,就要保证充足的营养,更不要盲目地节食减肥。女人拥有丰满的胸部是她自身性感的标志,而乳房除了腺体之外,还有脂肪组织,而脂肪组织的多少是决定乳房大小的重要因素之一。如果你连基本的营养都无法保证,非常瘦小,乳房的脂肪组织必然也会很少,乳房过小,你的身材就无美丽可言了。

"穿"出属于你的美

一个美丽的女人,往往也是一个懂得穿衣服的女人。女人懂得一定的穿衣打扮,其实是为了自己,懂得穿衣学问的女人,一年四季都会让自己看起来美丽动人。女人的魅力是靠自己创造的,你的长相是父母给的,女人不能因为自己容颜不够漂亮就内心自卑,你可以通过合适的打扮,使平庸的自己变得有魅力。其中穿衣就是很重要的一方面,穿出属于自己的美,不仅可以增添你的自信,也会使你的气质变得高雅起来。如果漂亮的女人不打扮、不修边幅、邋遢,那么比那些相貌不漂亮的人还要显得丑陋。女人要学会选择适合自己的衣服,穿出属于自己的美。俗话说:"人靠衣装,佛靠金装",说的就是这个道理,你的美丽是靠衣装来显现的,所以做一个美丽的女人,首先要学会怎么穿衣。

女人在衣着上首先要选择适合自己的,要凸显你个人的气质、风格,又要表现出你特有的女人味。女人要根据自己的职业、环境、年龄、肤色等等来搭配穿着。穿出自己的风格,穿出属于你的美,就需要客观对待流行,不能盲目地追逐潮流,一个有魅力的女人一定要有自己的穿衣风格。在保持自己所欣赏的审美观的基础上,适当地加上些时尚元素也是未尝不可的。"女为悦己者容",女人的穿衣打扮不光是为自己,更是希望在自己心仪的男士面前有所表现。女人的穿衣打扮已经成为了她们生活中不可缺少的一部分,为了让自己活得幸福点、精彩点,女人乐意愉悦自己而装扮自己。

女人在选择衣服的时候,除了要考虑年龄、职业、环境、肤色等因素的影响,还要根据自己的体型来搭配衣服,选择那些能掩饰自己身体缺陷的衣服来突出自己的风格。一般来说,女人的体型可以分为以下几种:标准型、苗条型、葫芦型、娇小型、梨子型、腿袋型,不同的体型,都有不同的穿衣搭配技巧。女人只有根据自己的体型特点,穿适合自己的衣服,才能穿出美感,穿出气质。

1. 标准型

也就是通常所说的"S"型身材,这种身材的女人身体各个部位的比例相当匀称,杨柳细腰,修长的小腿,坚挺的胸部,浑圆的臀部,曲线非常柔美,可以说是天生的衣服架子。不管穿什么衣服都会很好看,只需要考虑色彩的搭配就可以了,任何流行的时装都可以毫不犹豫地穿在身上。

2. 苗条型

也就是常言的"1"字型身材,这种体型的人通常比较瘦弱,所以曲线不是很分明。但相对而言还是比较好穿衣服的,只是注意别穿太紧、太窄的衣服,免得让自己看上去弱不禁风。胸前有装饰、或者有褶皱的衣服,百褶裙、宽松的麻质长裤、直筒或者微喇的牛仔裤都是很不错的选择。

3. 娇小型

娇小型的女人往往给人一种小鸟依人、不堪重负的感觉。所以穿衣服的时候,应尽量简单明了,穿同色或素色系的衣服,避免穿太厚,或者样式太繁琐、太花哨的衣服,太长的衣服也不宜穿,否则会让你的个子看上去更小。

4. 葫芦型

葫芦型身材的女人曲线玲珑有致,穿紧身的衣服更能凸显她们的好身材,如低领的毛衫或者修身短裙,或者修身的套裙,都是很不错的选择。切忌穿宽松的衣服,这样会埋没了你的好身材。

5. 梨子型

梨子型身材的女人臀围比较大,而胸部相对比较小,体型看上去很像一只梨子。这种体型的女人一定要避免穿紧身的衣服,以将你的缺点暴露无遗。宽松的上衣和长裤能美化你的体型。

女人在按照自己的体型选择了合适的穿着之后,还要在颜色上进行搭配。根据自己的肤色、天气、季节来搭配自己服装的颜色,这样就会远远就给人眼前一亮的感觉。穿着自己"皮肤色彩属性"的颜色,将会发生奇迹般的功效,它会使你气色润泽年轻,脸上的皱纹、黑眼眶、斑点,这些岁月留下的痕迹,也都会隐没在焕发的光彩里,几乎感觉不到它们的存在。如果你实在是对颜色的搭配不是那么在行,你可以选择黑白配,黑色与白色是经典搭配,任何时候都不会过时的。女人,要学会把你的美丽大胆"穿"出来。

个性女人"妆"出来

女人的美丽是"妆"出来的，并不是每一个女人都是天生丽质，不需要打扮就能吸引众人的眼球。绝大多数的女人是通过自己的创造，才焕发出自己的美丽。成为一个美丽、个性的女人是每一个女人心中的梦想，也许父母没有给你一张天使一样的漂亮的脸蛋，但是你依然可以通过打扮，使自己变得漂亮些。化妆就是女人的一门必修课，因为你通过化妆，可以使自己原本不怎么漂亮的脸蛋变得漂亮起来。也许你脸部肤质粗糙，也许你眼袋有点大，也许你睫毛不够长，也许你眼睛不够大，如果你的脸部出现这样那样的问题，你都可以通过化妆来遮盖。化妆可以把你讨厌的那些瑕疵掩盖起来，让你拥有一张洁白无瑕的脸。

女人适当地化妆，不仅可以展现自己的美丽，还是对别人的一种尊重。如果你是上班族，工作越是忙乱，你的脸色可能就越差，就越需要化妆来修饰自己，你的老板和客户为你的工作成果买单，却不会为你的坏脸色买单；如果最近加班没完没了，未来没有方向，再赶上失恋，心情就会变得特别糟糕。其实心情越糟越要"妆"，漂亮的妆容会让你保持心情愉悦，远离烦恼。也许你和你老公已经结婚多年，觉得在他面前没有必要化妆了，其实不然，爱情也是有保鲜期的，一个巧手能"妆"，对美丽永远怀着一份追求的妻子更能战胜"审美疲劳"。你是一个充满个性的女人，那么你的个性也是靠"妆"出来的。但是化妆不是信手涂鸦，你不能想怎么化就怎么化，化妆是一门艺术，如何"妆"出自己的个性，又能化出天衣无缝的妆容呢？

1. 化妆重在扬长避短，锦上添花

化妆的时候，一定要根据自己的肤质和五官特点锦上添花，巧妙地掩饰自己的缺点,让自己看上去更美。不要为了化妆而化妆,嫌自己的眉毛太淡,就一个劲地把画眉毛,把眉毛画得好像是假的一样,结果让整张脸看上去都怪怪的,极度不协调。只有颜色搭配合适,自然干净的妆面,才会给人以美感。

2. 不要为了化妆而化妆

化妆是为了修饰、弥补我们容貌的缺陷。有些女人天生丽质,只需稍稍画龙点睛一下就可以了,千万不要浓妆艳抹,破坏了自己的天然美,这样反而不但不会增加我们的美感,还会画蛇添足,让别人觉得我们粗俗不堪。

3. 注意光线和妆面的关系

化妆的时候,最好在自然光下化,这样化出来的妆颜色才自然,既不会过浓也不会过淡。有时候,我们可能会看到有些女人妆化得非常浓,觉得很可笑,其实并不是这些女人不会化妆,而是她们化妆的时候没有考虑到光线对妆面的影响,所以才会不知不觉地成为了别人的笑话。

4. 卸妆很重要

五花八门的化妆品虽然能使我们光彩照人,但却对我们的皮肤伤害非常大。忙碌了一天之后,在让我们的身心完全放松的时候,别忘了认认真真地给自己卸个妆,洗去脸上的化妆品,然后再做个面膜,保养一下皮肤。

当然,对于每一个女人来说,最高明的化妆是生命的化妆。如果你相貌平平,看起来并不出众,但是你可以通过生命的化妆让你变得有气质。一个人的长相虽然难以改变,但是举止形态和文化素养的可塑性却是很大的,你可以在平时的生活中博览群书,提高自己的内在气质来契合外表的美丽。一个美丽、举止文雅、气度不凡、充满睿智的女人,才是一位堪称绝色的美人。

第 ② 章
内在的修养是吸引力

有气质有魅力的女人不仅仅体现于外在的装扮,更体现于内在的修养。一个有良好修养的女人, 她的魅力会长久地绽放,高雅迷人的气质也会在她周身散发出来。修养是对女人内在美的练习与提升,修养对于女人来说,就是最佳的化妆品。它能让年轻的女人更具知性美, 让年迈的女人更具风韵美。当你已经青春不在, 容颜不再的时候,良好的修养依旧会让女人散发出夺目的光彩。有修养的女人, 通常会让同性更敬佩她、让男人更欣赏她、让幸运更垂青她。

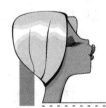

最诱人的是知性美的女人

一个女人,最重要的就是要有知性美,因为这种美会让她的魅力常驻,气质长存。对一个女人来说,最可怕的不是岁月的磨灭,不是时间的流逝,而是无法使自己的魅力永远耀眼地散发,而知性美的女人就能够使自己永远那么诱人。知性美是一个女人必不可少的魅力。它把那些幼稚、单纯的女人从她们所钟爱的"童话世界"、"美丽崇拜"、"爱情幻想"的陷阱中解救出来,并且从思想和心理两方面影响女人,帮助女人找到属于自己的魅力,让她们拥有优雅、独立、睿智的魅力,可以自在、从容地面对真实的生活。但是一个女人拥有的知性美并不是一朝一夕就能形成的,它更需要女人自己去博览群书,通过修炼自己的内在气质,而最终练就成一个诱人的知性美女人。

知性美中的"知"就是有知识、有涵养,做一个知性美的女人,不仅能够熟知自己,还能了解他人,理解父母,并且认识这个世界,不断提升自身的价值,使自己在人生的道路上进退有度。"性"就是指女性的灵性、悟性、个性以及性感和性格。一个知性美的女人能够对事物的观察有自己独到的灵性和悟性,她们常常能够参透人生中的种种道理,并且以自己独特的看法来引导自己的人生。她们也有自己的个性,那些魅力而不张扬的个性让她们的知性美更展现得淋漓尽致。她们的性格都是温雅而有力,对任何事情都有自己的涵养,并且彰显自己的气质。知性的女人懂得如何去审视时尚,在追求物质打扮的同时,她们却能够用心灵荡涤那媚俗的拜金风潮。她们在人生的路途中会将那些丰富的阅历留在脑中,将岁月的痕迹遗忘在脑后。她们感性却不张狂,典雅却不孤傲,内敛却不失风趣。在她们身上,通常都会体现出自信的谈吐、大度的胸襟、睿智的头脑。知性美是每个女人天生具有的潜质，女人可以没有漂亮的外表、精致的五官、窈窕的身材、殷实的家庭，但是，却不能没有令人敬仰的知性美。女人的知性美是上天赐予她们的礼物。曾经有人说，对于一个女人来讲，最大的夸奖莫过于"知性美"。

杨澜，曾经是阳光媒体集团的创始人，从曾经的青春偶像到如今的智慧女人，作为一个成功的蜕变者，她似乎并不满足简单意义上的事业成功，她更追求大众认同的普通人的幸福。

杨澜解读自己："女人具体做什么是次要的，她要能让周围的人感到一种温暖、温情和力量。"她的确做到了。她就是一个知性女人的杰出代表。

无可争议，杨澜是当今中国最出色的女性之一，她美丽、聪慧、优雅、知性，她还在很年轻的时候就已经实现了许多人一生都无法实现的梦想：考上了好大学，找到了好工作，嫁给了好丈夫，生了好儿女，开创了好的事业，而且她的精彩人生只是刚刚拉开了序幕而已。

杨澜认为人生是需要自己去规划的，当年中央电视台《正大综艺》的女主持人，那个叫杨澜的小姑娘，曾经也是从千名候选人中脱颖而出的。而现在经常身着套装，淡定的微笑，出没于名流社会的她，已经成了中国职业女性的典范。

杨澜毕业于北京外国语学院英语系，大学毕业后就进入中央电视台主持《正大综艺》节目，后来又到美国留学，并且获得哥伦比亚大学国际传媒专业硕士学位。她回国后，加入了凤凰中文卫视做名人访谈节目的《杨澜工作室》。2000 年 3 月，她成立了香港公司——阳光文化网络电视有限公司，并且出任主席。同年 10 月，阳光卫视入选《福布斯》全球 300 个最佳小型企业之一，她个人也跃居《福布斯》2001 年度中国富豪榜第 56 位。

杨澜的成功不仅仅是事业上的成功，还有家庭幸福的成功，她的处世之美如兰之雅致。她总是保持真我本色，在每一个地方的言行，都倾洒着她的真诚之美。她认真工作，并不张扬，那种对任何事情都负责的精神让她的美更加灿烂。杨澜做到了,生活、工作、家庭,每一处,她都很用心,每一处她都尽力做好。

做一个知性美的女人,是无数女人的梦想,而杨澜做到了,除了拥有博学的才智,事业的辉煌,她更有一种知性的魅力。那就是无论是什么事情,她都能够做好,永远是不卑不亢,她的脸上永远有一张亲切的笑脸,你和她说话,她不恭维不指责,不花言巧语,不咄咄逼人,只是用她的心来聆听。杨澜经常出入于名流场合,她总是懂得怎么包装自己,她的衣服不会五彩斑斓过分张扬,也不流行前卫哗众取宠,只是适合自己的特征个性。她的打扮总是给人一种不张扬、不媚俗,但却修饰十分自然得体的印象。

知性的女人是值得人们崇拜的,她们聪明能干,人情练达,超越了一般女孩的天真稚嫩,但是另一方面却又迥异于女强人的咄咄逼人,她们往往会在不经意间流露出温柔和知性的魅力。做一个知性的女人,就应该既要热爱自己的工作,能在事业上独当一面,挥洒自如,又不热衷于争权夺利,邀功请赏。同时,知性女人还能照顾到家里,在生活中担任自己的角色,她不会因为家务繁琐或者关系亲近就怠慢了自己的家人或朋友。

内外兼修,延长魅力时效

岁月让你的皮肤起皱,但如果失去了热忱,损伤的却是灵魂!这种说法并不是让每一个女人素面朝天,而是做到内外兼修。也许时光的流逝,岁月的打磨,会让我们的美丽不复存在。但是只要你拥有一颗热忱的心,随时提升自己的内在和外在的气质修养,那么你的魅力就不会被时间打败,不会被岁月埋没。世界上原没有永恒的魅力,但是女人可以创造出属于自己的魅力,并且不断地延长它的时效。当头发花白,牙齿脱落的时候,依然满脸笑容,优雅姿态,那就是魅力的展现。一个有魅力的女人,都会时刻注重自己的内在和外在。如果你光有鲜丽的外表,肚里却空空,那只会让你成为近乎白痴的女人;如果你有渊博的学识,但是却不修边幅,邋里邋遢,也会让人对你敬而远之。一个美丽的女人,她的美丽既在于外表的清丽,又在于内在的高雅气质,那才是堪称完美的女人。那样的女人才会永远绽放耀眼的魅力,无论在任何时候,她都会成为人们关注的焦点。

爱美之心人皆有之,不论是"窈窕淑女君子好逑",还是"沉鱼落雁",都能说明了人们对于美女有种与生俱来的钟爱之情。但是究竟什么是美呢?你的美又能美多久呢?一个有魅力的女人仅仅是仰仗着秀美艳丽的皮囊或者是一副婀娜轻盈的身骨吗?女人的美丽不仅仅在于容貌,更重要的在于举止、姿态及风度。一个美貌绝伦、身材曼妙的女人,倘若萎靡不振或者举止粗鲁无礼,那么她的魅力就根本无从谈起。女人既要注重自己的外表的美丽,更要注重自己内在的修养,因为你的内在气质会通过你的外在表现出来,这样才会使你的魅力长久。做一个内外兼修的女人,就要时刻注重自己的言谈举止,有时候,一个细微的动作,就可以看出你的修养。千万不要因为你一个小小的举动,让你的魅力大打折扣。

有一个医疗器械厂与美国客商达成了引进"大输液管"生产线的协议。于是,为了了解这个医疗器械厂的情况,外商请求参观一下厂里的生产情况。在签协议的前一天,该厂厂长就陪同外商参观车间。正在他们对车间工人赞赏有加的时候,厂长突然感觉自己嗓子发痒,于是就顺便朝墙角吐了一口痰,随后走上前去,用自己的鞋底擦了擦。这个小小的举动,让那位外商彻夜难眠。第二天,外商就让翻译给那位厂长送去一封信:"请恕我直言,一个厂长的卫生习惯可以反映一个工厂的管理素质。况且我们今后要生产的是用来治病的输液皮管。贵国有句谚语:人命关天!请原谅我的不辞而别……"

一项本来已经基本谈成的项目就这样"吹"了,一口痰轻易地就"吐掉"

了一项合作。

这位厂长的吐痰正是他内在素质的一种体现,因为自身的修养不过关,所以在言谈举止上一不小心就出了纰漏,使本来谈成的一个项目就溜掉了。很多人在与你交往的时候,并不是过多地去关注你有多成功,有多厉害。聪明的人只会通过你的言谈举止,就可以判断你这个人值不值得交往下去。你不能小看你的一个小动作,很多时候,它就是展现你内在修养的一个途径。所以,有良好的行为举止就是内外兼修的显现。

女人要让自己保持永久的魅力,那么就要做一个内外兼修的女人。"内"就是内在的修养与气质,而"外"自然就是指外表和表现了。对于任何一个女人来说,谁都希望自己有一副漂亮的外表,那对于别人是巨大的吸引力。所以,女人的外在美是很重要的,这就需要在穿衣打扮上要注意,也就是人们常说的形象美。女人无论在任何时候都要把自己收拾得整整齐齐,干干净净,漂漂亮亮。一个有魅力的女人,无论是上班与否都应该化淡妆,但切忌浓妆艳抹,那会给人一种妖艳轻浮的感觉。"轻扫娥眉淡脂粉"才能充分展现你的天生丽质。每天早上早起半个小时为自己化妆,让路人和同事看到一个漂亮的你,而不是一个蓬头垢面的女人。女人外在的美,除了化妆就是服饰的搭配。你在穿衣的时候,要注意衣服鞋帽不要随便搭配,搭配的时候要注意颜色的基调和谐,不能反差太大,否则就会起到反作用。女人在穿衣打扮的时候,不要盲目追随潮流,流行的衣服并不一定都适合自己,要选择适合自己的。一个女人在穿衣打扮上大方得体,不要太随便了,把自己收拾得干干净净,漂漂亮亮,这是作为女人最基本内在修养的体现。

而真正让一个女人散发出美丽的是她的内在气质,女人的气质不仅仅表现在外表,还表现在由内而外自然散发的一种摄人心魂的气质。读书是提高自身修养的最好的方法,一个女人应该多读一些自己喜欢而且品味较高的书籍。读书能够打开一个人的灵魂,激发女人的美好志向,爱读书能够增长才智和陶冶心灵,爱读书的女人是美丽的。这种美不是矫揉造作的美,而是她举手投足间散发出的一种自然而优雅的美。"腹有诗书气自华",女人要多阅读一些高雅书籍来提高自身的修养和气质。一个女人就应该内外兼修,不仅注重外在的美,还要注重内在的修养,做一个真正有持久魅力、有气质,而又漂亮的女人。

至真至诚,施展女人魔力的法术

如果你是一个至真至诚的性情女子,那么你的魅力对于任何人都是不可阻挡的。至真至诚的女人总是在每一刻,面对每一个人都会展现自己最为真诚的一面,她们真实地展现自己的魅力,而不会虚伪地做人。如果她想做什么事情,她总是能够以诚为基础,勇敢地去追求自己的目标,所以最后她们能够采摘到成功的果实。有时候,有的女人会因为心生嫉妒,只是说"她只是运气好而已",其实,成功与运气虽然能沾上边,却不会是决定因素。至真至诚的女人之所以能够取得成功,秘诀就在于"真"、"诚"。女人的魅力不仅仅在于美,在于气质,更多的时候,在于你是个真实的女人。如果你能够在生活和工作中,真诚地对待每一个人,那么,你的魅力就无时无刻不在。

一个有魅力的女人,并不是冷冰冰,也不是高高在上,无人可及,她更重要的是展现在实实在在的生活中。魅力的女人,通常会把她的魅力散发到每一个地方,每一个角落。女人的魅力并不是自己封的,而是别人对你的一种评价。至真至诚的女人会让每一个人都会感受到她独特的魅力。或许,她只是个很平凡的女人,她相貌平平,甚至在人群中毫不起眼。但是她的至真至诚就是一种超美丽的魅力,更是一种具有魔法的魅力。一个美丽的女人,不会因为漂亮而变得非常有魅力,但是一个至真至诚的女人,却能够因为自己的至真至诚使自己魅力超群。每个女人都有自己独特的个性魅力,而至真至诚的女人就以"真"、"诚"为自己的个性魅力。

王丽是北京人,之前一直从事着会计工作,生活平静而富足,当时她认识的一个朋友是做纸张生意的。在朋友的介绍下,她也抱着试试看的态度加入了纸张销售的行列,从此就开始了自己的创业生涯。如今,她自己的公司已经步入正轨,回想起当初自己创业的艰难,她坦然说:"除了自己的辛勤和汗水,还有就是任何时候,都要至真至诚。"现在,她自己的企业从业内的默默无闻到今天的有口皆碑,王丽为自己的人生描绘了一段最美的彩虹。

她在对待公司的每一位员工,总是信奉"至真,至诚,步步为营"的原则。她说自己公司的每一位员工,不管是高层管理人员,还是一名普通员工,在她看来都是一个"合作"的关系。大家都是因为共同的事业走到了一起,因为合作,公司才成了一个大家庭,也因为合作,才会把彼此的命运紧紧连在了一起,不离不弃,共同迎接风风雨雨。王丽并不只是这样说,而是把实际行动也拿出来。她总是把员工的利益放在第一位,会定期改善员工的伙食,而且每个员工的宿舍都安装了空调。在她的公司里,除了有特殊情况,员工没有主动跳槽的。而且,如果哪位员工犯了错,王丽就会再给他一次机会,她说她欣赏那种从哪里摔倒就从哪里爬起来的员工。

王丽的至真至诚不仅仅是她公司服务的宗旨,也是她做人的准则。因为她懂得在任何时候,对自己的员工都要"至真至诚":永远把员工放在第一位,定期改善员工伙食,给员工宿舍全部安装空调。最终,几乎没有哪一位员工愿意主动跳槽,她的"至真至诚"感动了所有的员工。所以,在任何时候,你的"至真至诚"都是打动别人的最好的武器。女人没有轻易获得别人认可的魔法,但是"至真至诚"就是,它能够让你的魅力如同魔法一样,悄悄地打动别人的心。

做一个至真至诚的女人,不要虚伪、不要撒谎,更不要因为自己的出色就努力地伪装自己。学会放开自己的心胸,打开自己的心扉,做一个绝对真实的自我,那样,你的魅力才会更加迷人。至真至诚的女人总是真诚地与人相处,并且凡事都先为别人着想,她们不善于伪装自己,真实就是最好的一张脸。至真至诚的女人通常都能够轻易地获得成功,并且赢得好人缘。"人贵在真",女人不要戴着一张面具生活,那样会很累,也会让别人无法认识真实的你,更无法见识你的魅力。女人要摘下自己的那张面具,做一个真诚的人,做一个至真至诚的女人,施展你的魔法魅力。

女人的魔法魅力就在于她的"至真至诚",大凡那些人际交往中能够获得好人缘的,通常都是至真至诚的女人。她们无时无刻不让人感到她们的真实和诚意,她们的率真常常会让你在不知不觉间就失去了防备之心,而她的真诚会让人忍不住为她鼓掌。她们不会隐藏自己的性情,而是真实地表露出来,展现自己的率真,这会让她们成为人们的焦点,也正是这样的性情让她们的魅力尽情散发。女人,让至真至诚为你的魅力值加分,并且自由地散发它的魔法吧!

爱心,女性魅力的精华浓缩

想做有魅力的女人,就要学会做一个有爱心的女人。"魔镜魔镜告诉我,世界上最有魅力的女人长什么样?"像童话里的白雪公主一样,做一个有魅力的女人是普天下所有女人的梦想。美丽的女人是有魅力的,如果拥有美丽的容貌那是女人的幸运,但是上天并没有把这种幸运降临到每一个女人身上。"上帝在为你关闭一扇窗的同时,也为你打开了另一扇窗户。"女人的魅力不仅仅在于容貌,魅力还来自真诚、来自善良、来自温柔、来自自信、来自爱心。别林斯基说:"美丽,都是从灵魂深处发出的。"而爱心,往往是女人魅力的精华浓缩。

女人的内心深处隐藏着一种母性,那就是爱心。正是这爱心,它常常是女人魅力的精华浓缩。一个有魅力的女人,会通过自己的实际行动来展现自己的魅力,就比如自己的爱心。一个有爱心的女人,通常是不会被人拒绝的,人们看到,在她们美丽的外表下,还有一颗善良的心,就会对她们充满了敬佩之情。有爱心的女人离幸福最近,她们永远记得去乐施,但是却不记得索取回报。表明上看起来很吃亏,但是实际上这正是做人的聪明之处,也是她的魅力之处。

爱心并不是施舍,爱心也并不是可怜。爱心是需要你以平等的态度付出。有爱心的女人,必然会有一颗仁慈博大的心。美国文学家切斯特菲尔德说:用你喜欢别人对待你的方式去对待别人。每个人都需要被理解、同情和尊敬,推己及人,女人在与他人相处的时候,就应该适时表现出自己的爱心,比如对人对事要豁达一些,或是对迷途的人说一句提醒的话,或是对自卑的人说一句振作的话,或是对苦痛的人说一句安慰的话。只是一句简单的话,既不要花费什么金钱,也不需要耗费你多少精力,而对需要你帮助的人来说,却相当于旱天的甘霖,雪中的炭火。

年仅12岁的女孩王翠因为自己家庭贫困,得到了学校举办的捐赠活动中的一件棉衣。当小王翠第一次穿上那件看起来还是九成新的棉衣,心里就暖暖的,她把自己的冻得冰冷的手伸进衣兜里取暖,却无意中发现一张纸条,她摸出来看,上面写着:"穿上这件衣服的小朋友,如果你学习上遇到了困难,请和我联系,我可以尽力帮助你……"后面留下了捐赠人李思俭的联系地址和电话。李思俭是农业银行南京城南支行的职员。1996年秋天,在单位组织的为贫困地区捐赠冬衣的活动中,李思俭在自己捐出的一件棉衣口袋里留了一张小纸条,她觉得这种方式更适合自己表达爱心。

在时隔9年后,当王翠因为家庭贫困徘徊在大学校门外时,王翠想起了那位捐赠棉衣的爱心阿姨。而当年留下小纸条的那位捐赠者李思俭信守自己的承诺,及时向王翠伸出了自己的援助之手,并且还带动了整个银行的同事去看望那个孩子,帮助王翠度过了人生的一道难关。

小纸条被珍藏了9年之后,引出了一个传奇的爱心故事,让所有的人都为之感动。戴着眼镜的李思俭,看上去有似乎显得很柔弱,但是人们透过她外表的柔弱看到了她内在的爱心和绚丽的精神世界。

也许,李思俭在单位只是一个很平凡的银行职员,但是她却做出了不平凡的事情。一个有爱心的女人,是不会被时代所忘记的。爱心是她赠予别人的礼物,但是上天却会因为她的爱心回报给她更多的东西。一个有爱心的女人,不管她看起来有多普通,多平凡,在她平凡的外表下,有着一颗温暖的爱心,那就是非常令人欣赏的。女人的魅力并不是来自外表的光鲜与美丽,更多的是来自内在。李思俭用她自己的爱心故事,展现了她无与伦比的美丽。

有一个盲人,他住在一栋楼里。他有一个习惯,那就是每天晚上他都会到楼下花园去散步。奇怪的是,无论是上楼还是下楼,他自己虽然只能顺着墙摸索,却一定要按亮楼道里的灯。

一个邻居忍不住,好奇地问道:"你的眼睛看不见,为何还要开灯呢?"

盲人回答说:"开灯能给别人上下楼带来方便,也能给我带来方便。"

邻居疑惑地问道:"开灯能给你带来什么方便呢?"

盲人答道:"开灯后,上下楼的人都会看见东西,就不会把我撞倒了,这不就等于给我自己也带来方便了吗?"

邻居这才恍然大悟。

俗话说:"送人玫瑰,留有余香"。虽然只是一件很平凡微小的事情,哪怕如同赠人一支玫瑰般微不足道,但是它带来的温馨却会在赠花人和爱花人的心底慢慢升腾、弥漫,甚至覆盖。有时候,你一个发自内心的小小的善行,就有可能铸就大爱的人生舞台。

一个再怎么漂亮的女人,一旦被发现表里不一也难免会使人心生厌恶之感。所以,女人拥有一颗与她外表相称的爱心是很难得的。而一个只有外在美的人,你也许只会感觉一种视觉的享受,但是你如果和一个充满爱心的女人在一起,你就会感受到一种心灵的洗礼,她会让你感到这个世界的美好。爱心是一切爱的由头,丰盈的爱心似乎总是女人与生俱来的天分。女人要发挥自己的天分,用爱心打造一颗完美的女人心。做一个有魅力的女人,做一个精致的女人,更要做一个充满爱心的智慧女人。

幽默为魅力女人锦上添花

女人的幽默会绽放无穷的魅力,一个懂得幽默的女人就会以轻松的心态面对各种人和事。女人要懂得幽默、运用幽默,生活中才可能有更多的欢乐,幽默能够为魅力的女人锦上添花。或许有的女人会说,幽默并没有多大的用处,它既不会让自己变得美丽,也不会帮助自己减掉多余的赘肉,也不会为自己的一顿美食买单,更不会帮助自己工作。但是你的幽默可以让你感受到生活的快乐,即便是你最伤心的时候,也不忘幽默地自嘲一下,你就发现生活并不是那么不近人情,至少你还能含着眼泪微笑。如果你懂得幽默,你就会比现在更加轻松地面对现实,坦然地接受自己的身体缺陷,比如你矮小的身材、臃肿的腰身、五官平平等等。在你幽默的支撑下,你可以在手里只有下一顿的饭钱的时候,还能安心地睡个好觉。

做一个幽默的女人,你可以赢得很多知心的朋友和珍贵的友谊。当你与人第一次见面 的时候,你不可能让别人立即就喜欢你。但是幽默就有这样的魔力,当众人被你逗得开心地欢笑时,你就会发现自己的魅力,从别人的欢笑中更加看清你自己,你就会对他人更加的坦诚。幽默能让你拉近彼此的距离,当众人发现你是一个幽默的女人,发现你是一个快乐的女人,他们就会乐于和你接近。没有人会拒绝一个传染快乐的女人,如果你外表清丽,谈吐高雅,那么幽默会为你的魅力增加不少分数。人们不会很喜欢一个正襟危坐的女人,也不会喜欢一个说话木讷的女人,他们更喜欢的是一个有幽默感的女人。幽默能够给别人带来快乐,也能够使自己的生活过得有声有色。做一个幽默的女人,学会用轻松的心情面对生活,用幽默、自嘲的方法去化解问题,才能使你心里小小的烦忧消失于无形之中,从而避免产生更大的忧虑,而你也就更能承受生活带来的压力。

小王是一位老师,平时与学生接触,难免会发生让她生气的事情,但是她却能够以自己的幽默来化解尴尬。有一次,上课的时候,她正在课堂上讲得津津有味,突然发现有位男生在课桌下面看小说。她轻轻地走到那位男生旁边,正伸手要取那本摊在膝盖上的书,却不料惊了那位学生。于是,男生便以闪电般地速度,将书迅速地塞进课桌,然后又用自己的双手死死地护着他的课桌。他的这个举动,不仅吓到了小王,也吓住了全班的学生。小王意识到这书肯定不是常书,如果自己硬要取得那本书,定会让那位男生颜面尽失,可是自己那只手还在那里,如果弄不好,自己也失去了教师的尊严。于是,她顿下心来,没有生气,而是笑笑:"你就在那里一个人誓死捍卫着你的课桌吧,同学们,我们继续上课了。"全班的学生都笑了起来,紧张的气氛缓解了,学生们的注意力很快转移到了小王老师那里,而那位男生紧张的情绪也松懈了下来,开始认真上课。

聪明的小王老师用自己智慧的幽默,巧妙地化解了尴尬的场面,就这样,一句笑话四两拨千斤般地避免了师生双方的尴尬与冲突。一个幽默的女人,她一定是一个十分智慧的女人,因为幽默并不是像讲笑话那么简单,它里面包含了智慧的思考。合适的幽默既不是过分的玩笑,而又能让人感受到快乐。小王老师无疑是一位善解人意的老师,这样的老师也会博得学生的喜欢,因为她的幽默,所以所散发的魅力是迷人而又美丽的。

生活中经常会发生意想不到的情况,或者让我们觉得难堪,或者使我们羞愤难当,但不管处于何种情况,只要我们冷静下来,控制自己的情绪,宽容理解别人,并用幽默感巧妙地化解不利的局面,事情的结果对双方都有好处。千万不要因为一时冲动,为了所谓的面子和人争吵,授人以柄,给别人留下不好的印象。

而戴尔·卡耐基也认为,如果你想给别人留下一个好的印象,那幽默绝对是不二的选择。无论你是站在客人或主人的角度,我们都可以充分利用幽默的力量,一个健康快乐、满脸笑容的人肯定比一个郁郁寡欢的人更受人欢迎。如同优雅的言行一样,幽默能帮助我们在社交中应付自如。做一个幽默的女人,无论何时何地,它都会让你魅力十足,并且会让你与他人的沟通更加顺畅。

对于女人来说,有些在你身上已经既定的事实是无法改变的,比如我们的长相、身高等。但是就算是这样,你只要善于发现、培养和发扬自己的优点,让你的优点展现在大家面前,我们仍然可以为自己增添不少的魅力。女人不要对自己过于苛刻,有时候,我们要让自己轻松一点,那么就自我调侃一下。这样我们在带给别人快乐的同时,还能够使自己保持愉悦的心情,女人适当的自嘲也是一种智慧的幽默。学会做一个有幽默感的女人,那么你的魅力就会时刻地展现出来,让自己成为交际之星,魅力之星。

第 3 章

气质，滋养魅力的源泉

　　一个有魅力的女人，通常是有自己独特气质的女人，因为气质往往是滋养魅力的源泉。有魅力的女人，她们通常用气质来征服男人和整个世界。就算是再漂亮的女人，如果没有气质，那么就会失去吸引他人的魅力。而通常良好的气质，是来源于女人宽广的胸怀。一个心胸开阔的女人，是不会斤斤计较的，她们有大海一样的胸怀。女人要试着走出去，多看，多听，多学，这样你才会有广博的见识，有卓识远见的女人往往是气质出众的。处事淡然的女人，她们永远守着自己那份宁静的心境，宠辱不惊、与世无争，显现出脱俗的气质来。

魅力女人用气质征服人心

　　女人征服人心的魅力,通常在于她的气质。就算是再漂亮的女人,如果没有气质,也是近乎一朵枯萎的鲜花,一潭永远不流动的死水。相反,一些天生并不漂亮的女人,一旦拥有了气质的翅膀,便会立刻神采飞扬,乃至明眸顾盼,显得格外地楚楚动人。戴尔·卡耐基曾经说:"女人的气质不是化妆品,而是自己身上充满活力的一种底蕴,一种对生活理解的态度和方式。真正的女性气质的前提是要有崇高的生活理想。"他还认为女人的气质体现在学识、智力、才能、品格、性情、涵养及道德情操等多方面。当然,最重要的就是渊博的学识,它不仅影响气质的深度,更是心灵丰富的标志。

　　俗话说:"女人不是因为美丽而可爱,而是因为可爱才美丽。"有魅力的女人,不仅仅在于她光鲜亮丽的外表,更多的是来自内在的自然而然散发出来的气质。女人的容貌是天生的,就算再怎么不漂亮,那也是父母给的。但是女人的气质却是可以后天培养的,你可以通过阅读一些文化气息浓厚的书籍来提升自己的知识涵养;可以看一些礼仪方面的书籍,来规范自己日常生活中的行为举止;可以浏览一些文学或艺术方面的书籍,来提高自己的品位,同时可以成为自己的业余爱好。女人的那些高雅迷人的气质,并不是天生的,她们往往是通过自己在生活或学校中慢慢培养的,不知不觉地植进内心深处,然后,再通过外在表现慢慢散发出来。如果仅仅是拥有美丽容貌的女人,她们的魅力通常会被时间打败,也会被岁月打磨掉。但是气质女人的魅力就不会消失,她们的魅力会因为不断提升而越来越迷人。就算是她的生命即将结束之际,人们也会由衷地赞美她:"真是个有气质的女人呐!"

　　有人说张曼玉的气质是无法用语言来形容的,就算你用一切雍容华贵的形容词来形容她,都会显得太刻板了。虽然,在岁月的长河中她的美丽也在慢慢地老去,但是她那盈盈作笑,轻轻而来的风仪将会永恒地展现。

这位 1983 年的港姐身着中国旗袍,蹬着高跟鞋慢慢地扭动着她那苗条的腰肢,摇曳着曼妙的身影,在电影《花样年华》里展现了中国女人全部的含蓄气质。给人印象最深的依然是她隔着重重的栅栏轻轻地那一回眸。于是,昏黄的灯光下,那不知疲倦的风扇,还有收音机里咿咿呀呀的曲子,张曼玉袅袅婷婷的背影,那紧身清雅的旗袍包裹下的一个女人的温柔和欲望,张曼玉以她独特的深沉嗓音娓娓说道:"我们和她们不一样。"于是,那绝望的一回眸,连那花样年华也顿时生辉。

张曼玉的魅力充满了她的全身,有人说,张曼玉全身上下都会说话。她通常是一个轻描淡写的转身,就会透出逼人的华丽,而她那自然清新的从容一笑,就如同凸显了山水的灵韵,不禁让人沉醉其中。不管是在她的肩头、她的步态、她的脸上,处处流露出的优雅淡然,都会让她的气质充分显现,使她的魅力尽情绽放。

张曼玉的气质无疑是演艺圈里的一个神话,她不需要刻意地装扮自己,让人在拥挤的人群一眼就望见她,这都是因为她高雅的气质,因为她独特的魅力。女人是需要不断地提升自己的内在气质的。想当年,张曼玉也曾经被人称为"花瓶",那段时间她自己也很痛苦。为了摆脱"花瓶"的形象,她不断磨炼自己的演技,到最后,她已然成了一位"戏中人"了。也不知道,是她在饰演别人的角色,还是正好就是自己的人生,张曼玉使自己的气质在举手投足之间无意中自然地散发出来,不去刻意彰显的美丽,那才是永恒的魅力。

一个女人真正的魅力主要在于特有的气质,聪明的女人会通过自己的气质来征服人心。一个女人内在的迷人气质,对同性和异性都很有吸引力,因为她所拥有的气质也是一种内在的人格魅力。女人的气质看似无形,其实是有形的,它是通过一个女人对待生活的态度、个性特征、言行举止等表

第3章　气质,滋养魅力的源泉

现出来的。气质的"外化"使得它表现在一个女人的举手投足之间，或是婀娜多姿的步态，或是待人接物的风度。如果是朋友初交，就会彼此观察、打量，然后会产生好的印象。他人对你产生的好感，除了来自言谈之外，就是你的举止作风了。而通常一个有魅力的女人，就会利用自己"热情而不轻浮，大方而不傲慢"的高雅气质，征服对方的心。女人的气质美还表现在性格上，这就需要你能"忌怒忌狂，忍辱谦让，关怀体贴别人"。一个性格开朗的女人往往能透露出这种大气沉稳的风度，而且更容易表现出内心的情感。另外，高雅的兴趣也是女人气质美的体现，你可以爱好文学，欣赏音乐，喜欢美术，这些爱好都可以从根本上提升你的气质，并且彰显你的气质美。

所以，当你看见一个不漂亮但是很有气质的女人，你可以跟她说："你真有品位。"当一个女人被别人这样的称赞，无疑是很愉悦的。女人，你可以没有漂亮的外表，但是你不能没有气质。学会做一个有气质的女人，然后用你独特的气质去征服对方。

好气质源于宽广的胸怀

法国浪漫主义作家维克多·雨果说："世界上最宽阔的是海洋，比海洋更宽阔的是天空，比天空更宽阔的是人的胸怀。"而如果一个女人能有宽广的胸怀，那无疑是女人身上最美的气质。有魅力的女人应该是一个聪明的女人，聪明的女人会明白自己应该有大海一样宽广的胸怀，那样才更能体现女人的气质。胸襟宽广是一种忍让，一种淡泊；胸襟宽广是一种谦虚，一种境界；胸襟宽广是一种素质，也是一种气质；胸襟宽广是一种学识，更是一种力量；胸襟宽广是一种宽容，更是一种博大的胸怀。所以，做一个有魅力的女人，那么就要拥有宽广的胸怀，那样才更能彰显自己的内在气质。

作为一个女人，可能你很娇贵，可能你很单纯，可能你很浪漫，但是如果你能够拥有宽广的胸怀，那你才是作为女人的完美之本。拥有宽广的胸怀能够体现一个女人良好的修养和高雅的气质。它是一种仁慈的表现，更是超凡脱俗的象征，你的美貌、财富、高贵都比不上一个宽广的胸怀。女人以宽广的胸怀来面对每一天的生活，面对人生，才会拥有一个平静从容的生活，才能使自己活得更轻松、更洒脱。用宽广的胸怀去对待别人，其实就是宽容我们自己，让自己的心胸更宽广一些，我们的生命中就多了一点空间，我们的生活就多了一些美丽。一个女人首先要心胸宽广地面对自己的爱人，在长期的爱情征途中，吸引对方持续爱情的最终力量，可能不是你的美貌，不是你的浪漫，可能也不是伟大的成就，而是你有没有一个宽广的胸怀去容纳他。世界因为女人的存在而美丽，女人因为美丽而动人。在这五彩缤纷的世界里，做一个心胸宽广的女人才是真正美丽的，才是最富有气质的。

　　一位大学退休教授不幸患上了喉癌，经过手术后，虽然生命得以延续下来，但是他的体重却减轻了二十一公斤。而在大约这一年后不久，他的三位亲人也因为癌症被相继夺去生命，这对于他来说，是一种多么可怕的状况。他手术后不能开口讲话，于是使用了孩子给他从香港买来德国制造的电音箱，由于他为了工作讲话太多，他已经连续用坏了五只电音箱。但是，这位教授却在如此艰难的情况下，一手创办了一个残疾人英语培训中心，从教学计划的制订到教材的编选，再从教师的聘请到找人，都是他亲自负责。这简直可以说是一个奇迹，但是最引人注目的却是这位教授的夫人。

　　教授夫人也是一位退休教授，在教授住院期间，她没有一天离开过，一直伴随在他身边，协助医师、护士照料他。丈夫体重轻了二十一公斤，她自己也轻了五公斤。丈夫要办学为残疾人服务，她也全力支持。由于培训中心缺乏经费，一天，她忽然交给丈夫一个纸包。教授打开一看，里面装有一万三千元人民币。她一边把钱交给丈夫，一边说："这是我和我孩子给学校表示的一点心意。"那位教授在文章中写道："大多数女人对于金钱和物质都是斤斤计较,我妻子也不例外,但是对我的学校,她却网开一面。"

这"网开一面"便是教授夫人心胸宽阔的最好体现,是她对丈夫的悉心照料,而在丈夫需要经费的时候,她更是毅然拿出自己的积蓄,那是她对丈夫和残疾人的爱心。对于教授夫人来说,心胸宽广就是爱,就是顾全大局,就是包容一切,就是支持丈夫贡献社会而无怨无悔。很多女人往往认劳不认怨,她们非常的聪明,很能干,也能吃苦,她们甚至能做出非常优秀的工作。但是唯一的一点,就是心胸太狭窄,只要有一点点小事就喜欢抱怨,一有机会就会抓住别人存在或并不存在的缺点,无形之中就使自己的魅力下降了。这可能算是性别造成的生理性格。

但是,人生是短暂的,所以,女人在生活中不要因为一些鸡毛蒜皮、微不足道的小事儿耿耿于怀,为那些琐碎的事情而浪费自己的时间,消耗自己的精力,甚至是自己的生命,那可是不值得的。人生在世,最重要的是做一些有意义的事,才无愧于自己美好的生命。女人不要把时间耗在争名夺利上,也不要把"就是为了争这口气"挂在嘴边。只有你拥有宽广的胸怀,心平气和地做事,才能把事情做好。容易生气的人身体免疫力也很低,容易生病,只有不爱和别人斤斤计较的女人,才能拥有幸福、愉快、健康的生活。

人们常常把心胸宽广女人的胸怀比喻为大海,海纳百川所以才无边无际,深不可测。如果我们把心放宽,凡事想开一些,看开一些,烦恼自然就不会再找上我们。所谓世间无难事,庸人自扰之,正是此意。聪明的女人从来不会把宝贵的时间浪费在一些小事情上面,更不会一天闲着没事去和别人斤斤计较。

拥有宽广的胸怀更能体现女人的气质,也更容易使她们得到别人的欣赏。女人只有拥有智慧,才会在心中留出一片天地给别人。做一个心胸宽广的女人,培养自己优雅的气质,那就会显现你的魅力。一个女人的胸襟如果足够开阔,那么她就会在与人交往中善于宽厚待人,能够容忍别人的缺点,这样才会征服人心,成就自己的气质魅力。

见识广博自然会气质出众

　　一个女人可以没有美丽的外表，但不能没有见识。女人要不断增加自己的见识，千万不要因为自己是女人，就说自己没有见识。一个女人要有广博的见识，这样才会气质出众。女人生得国色天香、倾国倾城，那确实令人赏心悦目。可是如果你光有美丽的外表没有足够的文化底蕴，人们往往会说是"金玉其外，败絮其中"。所以，女人应该不断地学习知识与增加自己的见识，做一个见识广博的女人，这样你才可以成为一个有永久魅力的女性，而读书无疑是女人最好的一种选择。书中有动人的故事情节，有爱恨情仇，也有处世之道，为人的分寸，所有的疑惑，书里都会给你指点迷津。凡是常读书的人，她们的思维活跃，心境开阔，通情达理，人见人爱，她们生活在一种既和谐又宽容的环境里，心情愉悦。常读书的女人，拥有广博的见识，所以，你能在人群中一眼就能看出她独特的魅力，高雅娴静，气质出众。

　　多读书可以使一个女人变得见识广博，她们以聪慧的心，宽广质朴的爱，善解人意的修养，将自己的美丽写在身上。因为读书，她们显得更潇洒，更具风韵，即使不施脂粉也显得神采奕奕、风度翩翩。见识广博的女人，通常能够在语言交流中展现出不俗的谈吐，没有人愿意与一问三不知的"白痴"女人交谈，那样会显得枯燥、无趣。这种女人智商都比较高，她们能把无序而纷乱的世界理出头绪，抓住根本和要害，从而提出解决问题的方法。她们做的每一步都是深思熟虑过的，这些都是平时不爱读书的女人所欠缺的。高尔基说"学问改变气质。"读书是气质、精神永葆青春的源泉。读不同类型的书，可以让一个女人具有广博的见识。女人如果与书籍生活在一起，永远不会叹息。知识是心灵的美容佳品，而见识则是女人气质的时装。一个见识广博的女人,她的气质自然是十分出众的,那些淡淡的书卷气息,让你悟在其中,品在其中,回味无穷。

文成公主是唐宗室李道宗之女,自幼受家庭熏陶,学习文化,知书达理,卓有见识。

她因为与吐蕃和亲,嫁到了远离家乡的西藏。在西藏当地,按照传统习惯,吐蕃人每天要用赭色制土涂敷面颊,说是能驱邪避魔,虽说样子十分难看又不舒服,但是这是传统习俗,谁也没有提出异议,大多数吐蕃人只是照章行事。文成公主到吐蕃后,仔细了解和揣摩了这种习惯,认为这样做毫无道理,又有碍卫生,实在是一项鄙俗的陋习,因此她婉转地向松赞干布提出了自己的看法。松赞干布听了觉得她的话很有道理,立即下令废除这项习俗,最开始一些念旧的吐蕃人很不习惯,但慢慢地都觉得保持自己的本来面目,既方便又好看,大家也都乐意接受了,他们甚至还十分感激文成公主为他们破除了陈规。

文成公主以款款柔情善待松赞干布,使得这位生长于荒蛮之地的吐蕃国王深切体会到汉族女性的修养与温情,他对文成公主不但备加珍爱,而且对她的一些建议尽力采纳。文成公主则凭着自己的知识和见地,细心体察吐蕃的民情,然后提出各种合情合理的建议,协助丈夫治理这个地域广阔,民风慓悍古朴的国家。而文成公主不是那种极有权势欲的女人,她参与治国,却从未要求松赞干布给自己一个什么官职;对于吐蕃国的重大政治决策,她只是提出自己的看法,并不强行干涉,因此松赞干布和大臣们对她非常钦佩,经常向她讨教唐宫的政治制度以作为他们行政的参考,而广大的吐蕃民众更视她如神明。

文成公主不但把自己的美丽带到了西藏,更把汉室的许多政治制度、生活习惯、音乐艺术带到了西藏,为西藏的繁荣昌盛作出了巨大的贡献,这些都要归功于她卓越的见识。

在女人的生活辞典中,"见识"正逐步成为了第一关键词。有广博见识的女人永远散发着独特的魅力，面对各种纷杂的关系及问题，她们都知道如何从容地去应对。有见识的女人并不一定要学富五年、才高八斗，也并不一定是一方才女，她们更多地是在我们身边生活着的一群女人。她们敏锐而灵动，从容而优雅；她们常常会在第一时间发现问题，并且恰当、周到地处理；她们在待人接物方面，也有自己独到的见解，她们总是显得大方得体、游刃有余。自强、自立、果敢、自信，是她们的座右铭，任何事情，她们能够知可为、知不可为。在现代社会竞争激烈的环境中，她们用见多识广的阅历，善于思考、识大体的见地使得自己卓尔不群，受人尊重。她们在每一件事情上，都会展现自己独当一面的风采，气质异常出众。

教育的普及和社会角色的转变，使今天的女人不再像以前那样大门不出二门不迈，只懂得在家相夫教子。对一个女人来说，读过的书越多，走过的地方越多，她的视野就会越开阔，见识也相应就越丰富越广博。聪慧的女人会明白个人再怎么伟大，也只不过是芸芸众生中普通的一员，就像空气中的一粒尘埃，用肉眼根本没有办法分辨清楚。也因为见多识广，思考得多，她在日常工作和学习中，说话做事往往一针见血，一语中的。

有广博见识的女人，她的气质自然比较出众，因为这样的女性能带给人们希望和方向。她们就像光明天使一样，用博爱的心灵引领人们走向正确的路途。女人不妨试着走出来，多听、多学、多看，多与人交流沟通，让自己更知书达理，做一个有广博见识的女人，做一个气质出众的女人。

出众的气质始于处事的淡然

一个女人出众的气质，首先来源于她处事的淡然作风。淡然地处事，并不是不在乎事情的大小轻重，而是在经历了许多以后，那种淡然面对事情的心态。一个女人如果对事情的期望值太高，就会不小心陷入失落的境地。所以，一个超脱世俗的女人，一个气质出尘的女人，就应该学会淡然地处事。淡然是一种人生境界，是不以物喜，不以己悲，波澜不兴、宠辱不惊的处事态度，是经历过人间烟雨、惊涛骇浪荡涤后的淡定与从容。淡然处事的女人，必定是心胸豁达，品行端正的女人，她们那超凡的气质，通过她们的举手投足之间淡淡地散发出来，令人陶醉其中。

戴尔·卡耐基曾经对自己说："我不为自己哀怜，也不为过去的烦恼流泪，对那些不曾遭遇过我这些苦难的幸运妇人不心存嫉妒。因为我确实是生活过了，而她们只是存在而已。我已经将生活的苦酒饮得一滴不剩，她们只是尝到上面的泡沫而已……我已学会不要对人期望太高，因此即使朋友对我不忠，或是不相识的人说我的闲话，我也不在意，仍然乐于和他们交往。"经历过苦难的洗涤，对世事的态度就会更淡然，心里会更沉静，没有那些无谓的烦恼。女人不要还停留在小女人的思想，活在自己憧憬的梦幻生活中，女人不要去想一些不切实际的事情，如果对梦太执著了，对自己反而是一种伤害。女人要明白，最真的生活，就是平淡如水的柴米油盐酱醋茶，虽然没有色彩，但却食之有味。让我们学着淡然处事，微笑生活，与其忧伤地抱怨，不如开心笑笑，学会释怀就是一种淡然。

处事淡然的女人，就像是一部奇书，看上去通俗易懂，可是翻开里面的每一页，却都有不同的风景，层层深入，引人入胜。当你认为已经全部读懂时，不经意间再浏览一遍，却发现竟然还有更美妙的意境。处事淡然的女人，她们虽然身处繁华都市，但是却可以宠辱不惊。她们虽然身在世俗中，却不被世俗所浸染，她们身上永远有种出众的气质，有一份拙朴的意味。处事淡然的女人能够做到远离刻薄和庸俗，自己就像是荷花一样"出淤泥而不染"，永远守着自己的那份淡然的心境。处事淡然的女人明白，什么是属于自己的，什么不是属于自己的，属于自己的需要去争取，不是自己的，纵有千般的诱惑还是会坦然面对。她们活在自己的淡然世界中，与世无争，波澜不惊，而又洁身自好。处事淡然的女人聪慧而不狡黠，通透而不犀利，仿佛是一个得道的仙人。她们会对旁人的"聪明"嫣然不语，一笑而过，对见到曾经伤害过自己的人也是淡然一笑，而不是去加以报复。她们有自己的生活目标，不论是事业还是家庭，都表现得兢兢业业，宽宏大量。她们把自己的沧桑隐藏在心底，让一切慢慢的尘封在记忆里。淡然的女人除了相夫教子，还要为生活而奔忙，但是看似平凡的生活，却在她们内心深处，永远有一个角落是别人到达不了的，只属于她们自己。

菩提本无树，明镜亦非台，本来无一物，何处惹尘埃！处事淡然的女人，总是被一种从容、柔和的气质所包围。她们不再有小女人般的无病呻吟，而是崇尚简单的生活，淡淡地来，淡淡地去，对人生、对社会持有宽容而不是苛求的态度，永远保持自己内心的宁静。她们虽然是简单地活着，却善良、率真、坦荡，这使她们有时间和心情去品味人生的自然，享受生命的乐趣。处事淡然的女人拒绝练就那种江湖油滑的本领，她会在处事的时候有条不紊，在世事的牵累和忙碌中偷出半点余闲，装饰自己，美化生活，她们时刻用淡然的心境去呵护生命，呈现出的是阳光般的笑容，端庄的气度，深厚的内涵，出尘的气质。

只有处事淡然的女人心里才会永远春花盛开，她们不会因为世事艰难而去埋怨生活，不会因为老公的宠爱而放纵自我。处事淡然的女人，就如一杯沏好的清茶，看似无味，实则却悠远而绵长，是需要慢慢品尝的。处事淡然的女人，她们看起来外表安详，但是心里却充满了热情。她们善于用自己的真诚与爱，让平凡的岁月充满温馨，让枯燥的生活充满乐趣。女人如果要想拥有出众的气质，就要从处事淡然开始，一个心境淡然的女人，必定是一个拥有出众气质的女人。

培养良好气质的十个步骤

以貌取人是一种很肤浅的行为,能真正展示女人的内涵和魅力的是气质,良好的气质是女人征服世界的利器。就如同一座高山上有了水才会显现出灵气一样,女人有了气质就会绽放出无穷的魅力。女人真正的魅力表现在她特有的气质上。女人外表的美总是最初的、静态的、肤浅的,也是短暂的,经不起岁月和时间的摧残,就像天空中的流星,转瞬即逝,没有生命力。如果你只拥有美丽的脸蛋、窈窕的身材,但是却胸无点墨,那么就只能称之为"金玉其外,败絮其中"。女人高雅迷人的气质,才是最有魅力的显现。那么,作为一个女人如何来培养良好的气质呢? 那并不是一朝一夕的事情,而是需要拥有良好的习惯。你可以按下面的十个步骤,一步一步地来,它会让你逐渐修炼成迷人的气质女人。

1. 善于发现生活的美

生活中并不是缺少美,而是缺少一双发现美的眼睛。在忙碌的工作和生活中,如果我们经常把自己解放出来,哪怕只是几分钟的时间,捧一杯热茶,沐浴在温暖的阳光下,听着旋律优美的轻音乐,惬意地翻几页好书,就会发现生活原来如此美好。只要我们随时随地保持一颗乐观、积极向上的心,生活的美就会不经意地和我们邂逅。

善于去发现生活的美的女人,她们通常是热爱生活、享受生活的,她们对生活的那种乐观、积极的态度会通过她们的外在表现出来,而散发出一种超脱迷人的气质。

2. 发现自己的美

女人要学会发现自己的美,这会成为自信的源泉。善于发现自己的美的女人,她们看起来都是光彩照人、落落大方,灿烂的笑容里透着一股高贵的气息,让男人在仰慕的同时又有些敬畏。女人更要学会爱自己,只有爱自己,才会发现自己的美丽。在努力使自己完美的同时,还要对自己的一些无关痛痒的小毛病有包容的态度,只有了解自己的优势和不足,才能够使自己尽量突出美丽的部分。每个女人都有自己独特的美,不要总是去羡慕其他的女人。要学会去发掘深藏在自己身上的美丽,这会增强自己的自信心,女人的自信也是气质的表现,你会发现自己原来也是一个很有魅力的女人。

3.不可以去跟别人攀比

戴尔·卡耐基说:"爱自己,就不和别人去比。"因为自己身上的一切,不管是优点,还是缺点,都完完全全属于我们自己,而正是这些在别人看来与众不同的地方,才把我们和别人彻底区分开。所以,聪明的女人,从来不会去抱怨自己长得不够漂亮,或者身材不够性感苗条,世界上没有丑女人,只有懒女人,她们相信只要自己肯花时间,也一定会让别人眼前一亮。

心理学家说:"不喜欢自己的人,根本就无法喜欢别人。"一个女人要敢于正视自己的不足之处,而不是去盲目地与他人攀比,那样只会让你的缺陷暴露无遗。世界上没有两张一模一样的叶子,同样道理,每一个女人都有自己独特的魅力。就让属于自己的美丽尽情绽放吧,做一个独特的气质女人。

4.坐拥书城,魅力无限

如果仅仅是一个会穿衣化妆的女人,在他人看来也是很浅薄的,她没有内涵,底蕴单薄。一个女人徒有漂亮的外表而没有学识,那么她的魅力抵不过时间的飞逝,没有文化的女人总是衰老得很快。"腹有诗书气自华",如果你饱读诗文,博览群书,那么不知不觉间你就会感受到文化的气息,更会提升你的内在气质,只有有气质的女人才会有恒久的魅力。女人的品味来自文化,宽容来自文化,温柔来自文化,自尊来自文化,书籍是成就女人气质的根本。凡是读书的女人大多都是自强的女人、智慧的女人,是不依附于男人的女人,也是真正能够征服男人和世界的女人。所以,女人要坐拥书城,才会使你的魅力无限绽放。

5. 培养高雅的兴趣

一个女人拥有高雅的兴趣也是女性气质的一种表现。女人要有自己的爱好，它可以打发你空余下来的时间，还可以培养你内在的气质。你可以爱好文学，并且有一定的表达能力，它会让你说话很有水准，还能展现你娴静的气质；你可以欣赏音乐并且有较好的鉴赏力，音乐可以治疗你心里的伤痕，也可以让你拥有浪漫的气质；你可以喜欢美术且有基本的色彩感，你可以利用自己的色彩感来穿衣打扮，也可以让你浑身充满艺术家的气质。这些高雅的兴趣，会让女人的生活充满迷人的色彩，也会让她们脱胎换骨做气质女人。

6. 不断充实自我

对于现代女性来说，自己所具备的知识远远是不够的。很多女人不思上进，得过且过，整天无所事事、百无聊赖。现代社会是竞争激烈的时代，如果你不思进取，就会退步，或许在你化个妆的工夫，别人已经悄悄走在你前面去了。有修养的现代女性绝对不做一问三不知的"白痴"，她们总能拥有丰富的知识做底蕴。女人可以在下班后多多学习，为自己储备更多的专业知识和技能，同时每天要多看报，留心经济讯息，多关注社会。除了这些，你还可以根据科学发展的趋势进行预测，走在时代的最前面，保持宏观的视野。

7. 展示最真实的自我

每个女人都希望自己是一个有魅力的女人，她们渴望自己在性格和外表方面，对别人有更大的吸引力。但是很多女人常常会陷入某种误区，她们盲目追求完美，而忽视了自己的价值。其实在现实生活中，真实的你才是最能打动人的，因为这样的你有血有肉，有喜怒哀乐。一个真正有修养的女人，她的气质是从骨子里自然而然散发出来的，绝不是矫揉造作。所以女人一定要学会接受自己的外貌；对别人要至真至诚；仪态端庄，充满自信；随时保持你的幽默感;不要惧怕显露自己真实的情绪;有困难的时候,真诚地向朋友求助。

8. 早晨起来和自己说"我拥有别人没有的美"

每一个女人都有自己独特的美丽,不要总是去羡慕别人的美丽。你可以在每天早上起床的时候,对着镜子里的自己说"我拥有别人没有的美"。别人有知性美,你可以有气质美;别人有美丽的外表,你可以拥有一颗爱心;别人有高雅的谈吐,你可以有幽默的个性。你有别人没有的美丽,所以不要怀疑在你身上的美,你只需肯定它们,并让它们能够尽情释放出来。

9. 从容从大方开始

一个人的从容可以是在危难之时的大义凛然,更可以表现为在日常生活中的宽广坦荡。"君子坦荡荡,小人长戚戚"。凡是斤斤计较、睚眦必报的女人是不具备从容气质的。女人要心胸开阔,这样才能让自己的举止行为显得舒畅、安定。女人要具备从容的气质,那么先拥有宽广的胸怀吧!

10. 让你的笑容像阳光一样

戴尔·卡耐基说:"要使别人喜欢你,首先你得改变对人的态度,把精神放得轻松一点,表情自然,笑容可掬,这样别人就会对你产生喜爱的感觉了。"笑容就是最美的语言,灿烂的笑容能够治愈自己的不良情绪,如果你真诚地向一个人展颜微笑,他实在无法再对你生气。而一个拥有灿烂笑容的女人,往往具有较强的亲和力。大凡喜欢微笑的女人,她们都会拥有一份乐观、积极向上的心态。如果你的笑容像阳光一样,不但能为他人带去温暖,也会为自己增添无限魅力。

第 4 章

优雅的神态，让人不知不觉迷上你

　　女人的独特魅力主要通过其神态显现出来，倾倒众人。一个聪明的女人，她会懂得把自己的妩媚隐藏在自己的举止中。有诗人比喻："媚态之在人身，犹如火之有焰，灯之有光，金银之有亮色，态之为物，特使美者愈美，且能使老者少，而蚩者妍。"一个女人的魅力就在于那些不知不觉间散发出来的迷人气质上。或许是一个笑脸，或许是一束回眸，甚至是一举手一投足，可体悟却令人难以捉摸。女人的羞涩与温柔，像似花丛的光艳，温润柔美；女人的优雅与泼辣，犹如流泉的神韵，静中闪动。一个女人，她还没有说话，你就可以通过她的神态，仿佛看到了她的惆怅，诗情画意，勾人心魄，韵味悠长。女人优雅迷人的神态，能让人不知不觉地着迷。

一颦一笑,处处"妩媚"

当一个女人很漂亮的时候,我们常常用妩媚动人来形容她。女人的妩媚隐藏在她的举止神态中,那一颦一笑尽显女人的万般风情。对于一个女人来说,魅力必不可少,如果是一个类似嫫母(传说中的黄帝之妻,中国四大丑女之一)的女人,那么她再努力地使出各种神态,那也是和妩媚绝缘的。美丽并不是主要的,一个美丽的女人,如果在举止和神态上并没有女人应有的气质,那也是不能成为妩媚的女人。一个有魅力的女人,她懂得把自己的妩媚藏在那一颦一笑中,举手投足之间,或者是高贵,或者是惠质兰心,或者是灵气袭人。她就是站那里,不说话,一动不动,眼神里也满是妩媚的柔光。一个女人重要的是她的举止神态,很多魅力都是从中显现出来的。拥有妩媚的风情,就会让人不知不觉迷上你。

女人的妩媚是来自于自己内心情感的释放,它柔弱,娇美,无意之中还带有一点儿骄傲,一点儿得意,一点儿羞涩,一点儿放肆,那是一种完全女性味道的流露。女人要有女人味,而妩媚的女人堪称女人中的极致,她们不一定都拥有娇好的面孔和曼妙的曲线,她们拥有的是一举手一抬足都令男人为之倾倒,女人为之羡妒的天资。媚是女人的天性,也是独特的女子风致,更是万种风情中最具赏心悦目的一种。女人的妩媚在于眉梢,在于眼神,在于嘴角不经意间的微笑,在于忧伤时的蹙眉。妩媚的女人一定是话语不多的,因为她们的一颦一笑都会说话,或低头浅浅一笑,或嘴角轻轻一努,或眼神迷离的注视,这些就足够了。女人的妩媚就是一种感觉,如果你把自己的想法,把自己的内心全部用语言表达出来,就不会有妩媚,就不会有诱惑。做一个耀眼光芒的女人,那么让就让你的一颦一笑处处都充满"妩媚"。

妩媚的女人一定是自信的，她只有在自信的时候才会展示出最美丽的一面，女人只有在最自信的时候才能显示出和别人不一样的地方，自信是一种力量，一种吸引的力量。妩媚的女人举手投足之间都有足够的自信，所以才会迸发出妩媚的风情。那充满诱惑的迷离眼神，那风姿绰约的背影，那款款而来的步态，那略带羞涩的表情，都尽情倾洒着一个女人妩媚的魅力。妩媚的女人，连忧伤的时候都是极其迷人的，那蹙眉的神情，任谁看了都会心疼。只有充满自信的女人，才会大方地展现自己的举止神态，在一颦一笑间尽显妩媚。

妩媚的女人一定是得体的，不管是衣着还是举止，都彰显着自己的魅力。可是一个漂亮性感再穿着漂亮衣服的女人，如果她在公共场合把手放到鼻孔里，你还会觉得她妩媚吗？如果她站立的时候，两腿不停地晃动，或者分得很开，那你还会觉得她妩媚吗？妩媚的女人，她们的举止神态都是很得体的，既能表现自己内在的涵养，又能展现独特的风情，她们把握着一个尺度，诱人但绝对不会让人犯罪，迷人但绝对不会让人随便跟她们搭讪，她们只是静静地站在那里，让自己的妩媚尽情释放。

妩媚的女人一定是干净的，一定是手指光滑细长的。试想一下，如果一个脏脏的女人，伸出手来，上面沾满了尘土和腥味，一点也不干净，也不光滑，那么你还觉得她妩媚吗？所以，女人要妩媚，首先就要保持整洁，这样才会为自己的妩媚魅力加分。妩媚的女人还一定是温柔的，只有温柔的女人才会有那样妩媚的眼神。因为懂得，所以慈悲，如果女人不善解人意，你怎么能够让人读出你眼里的情谊？

梦里寻她千百度，蓦然回首，那人却在灯火阑珊处。女人如花，女人似水，女人的一颦一笑都展现出与众不同的气质和清纯魅力，人的情感流露是最美的也是最短暂的一瞬间。有魅力的女人并不需要夸夸其谈来展现自己的魅力，她们会把自己的魅力隐藏在那些神态中，慢慢显露出来。当你看见她，才知道"万般风情尽在其中"，妩媚的女人并不是用嘴告诉别人"她很妩媚"，而是用自己眼神、举止、神态，甚至每一个毛孔来说话，她们的每一处都在展现自己的妩媚。一个女人的神态是由内而外展现的，如果你内在没有一定的涵养，也不会有得体的举止神态。所以，女人还是要不断提升自己，这样你的妩媚才会由内而外地散发出来，让人不知不觉就迷上你了。

寻找到自己独特的"味道"

做个有味道的女人。根据自己的气质穿衣着装，同时不断地培养自己的人格、情趣，慢慢形成属于自己的独特味道。有味道的女人一般都有自己的品位，她们会选择最适合自己而不是选择最好的饰品来彰显自己的独特魅力。有味道的女人在人群中不一定是最引人注目的，但绝对是最耐看，最经得起的品味的，就像诗一样耐人寻味，又像酒一样醇厚芳香。每个女人都应该有属于自己的味道，就像花一样，会散发出自己独特的芬芳。想做个优雅的女人，就让自己的言谈举止都自然得体；想做个知性的女人，就要充实自己的大脑，同时学会独立思考，把书本上的知识变成自己的见解；想做个完美的女人，就要内外兼修，既要重视自己的外部形象，也要不断提高自己的内在素质，秀外慧中，尽情挥洒自己的独特魅力。

女人的味道是一种境界，是一种情调，是一种优雅的生活态度。有味道的女人每一件衣物都是经过精心挑选的，一件大衣、一条丝巾、一把阳伞，都倾注了她的心思、她的涵养、她的品味，甚至一副手镯、一枚胸针，都透露了她别致的韵味。女人的味道有很多种，或是高雅，或是知性，或是神秘，或是淡然，或是安静，或是柔情，或是智慧，女人要选择适合自己的独特味道，才会彰显你的个性魅力。

如果你是一个优雅的女人，你就可以把优雅作为你的味道。初入社交场合，或是参加聚会，要尽显你优雅的姿态。精致清丽的妆容，大方得体的装扮；学会微笑，能够控制表情，知道自己最讨人喜欢的面部状态；能够口齿清晰地表达自己的想法，能够控制说话的语音、语调和语速，声音悦耳、友善；懂得基本的礼仪常识，得到别人帮助的时候，习惯表达谢意，打扰和影响他人的时候，习惯表达歉意；善良并且富有爱心，有感激之心，善待和理解他人，保持自己平和的心境。优雅就是你独特的味道，当你优雅迷人地迈着步子走来，有无数欣赏、羡慕，甚至嫉妒的眼光审视着你，你会成为全场的焦点。

如果你是一个知性的女人，你就可以把知性作为你的味道。走路的时候，请挺直腰板，稳重第一，但还是可以加快走路的步伐，脸上总是神采奕奕；喜欢知性的交谈，有时候出口成章，但是绝对不会在人前讲无聊的笑话，处处体现知性的风范；说话有理有节，有时候甚至不依不饶，偶尔语出惊人，那是另一番风景。在任何事情面前，都不会显露慌张的情绪，而是从容不迫地面对。当你侃侃而谈，你的举止形态就会彰显你作为知性女人的魅力。知性是你的独特味道，也是美丽神态的显现，会让人不知不觉地迷上你。

如果你是个柔情的女人，那么就把温柔作为你的独特味道。柔情似水的女人是有无限魅力的女人，她们在任何时候，都会显得善解人意。所以尽情施展你柔情的魅力，给那些愁眉不展的人一个甜蜜的微笑。让柔情充满你的每一个表情和神态，随时随地展现你柔情的一面，你的柔情让别人无法阻挡。柔情女人尽显自己独特的味道，柔而不弱，温柔而不放纵，倾倒众生。吐气若兰、柔情似水的女人是一座花园，幽香沁脾，令人心旌摇曳。

女人的美貌是天生的，但是女人的味道却是自己的，每个女人都有专属于自己的味道。它是一个女人在神态上所表现出来的独特味道，或是聚精会神，或是静静不语，或是抿着嘴角微笑，或是蹙着眉。女人要释放自己的魅力，就要最大限度地展现自己独特的味道。有自己独特味道的女人是最精致的，或许是淡雅而不失妩媚的，美而不艳丽，显得楚楚动人；有自己独特味道的女人,或许是平凡的,她只是挚爱一切美好的事物包括她自己,她也被人欣赏更欣赏别人,欣赏世界上的一切美景,欣赏人间的种种真情;有自己独特味道的女人,也许也会春风得意,但是绝对不咄咄逼人,她与人为善,不知刻薄为何物。女人的魅力是独一无二的,女人专属的味道也是独特的,你或许不是最好的,但是一定会变得更好。

女人的微笑是天下最美的表情

女人的微笑是花开的表情,是冬日的阳光,是春风化雨,是冰雪消融后的春天,是天底下最美的表情。曾经有一对年轻的夫妻感情一直很好,但是妻子动不动就爱使小性子,生气了不说话,还成天板着一张脸,让丈夫感觉非常压抑。后来,聪明的丈夫想了一个办法,在妻子又一次板着脸的时候,他拿了一面镜子给妻子看,结果妻子被镜子里面的自己吓到了,她没想到自己生气的时候面目会是那么地狰狞可怕。从那以后,那个妻子即使很生气,也绝不再拉长脸了。

有时候,微笑胜于言论,对人微笑就是向对方表明:我喜欢你,你让我快乐,我喜欢见你。这样,别人当然就会喜欢你。卡耐基认为,如果你想得到别人的喜欢,那么你不妨轻松下来,给对方一个迷人的微笑。

美国钢铁大王安德鲁·卡耐基的高级助手查尔斯·史考伯说自己的微笑值百万美金,他大概也是在暗示这一真理。因为查尔斯·史考伯的性格,他所特有的魅力,他那善于讨人喜欢的能力,几乎完全是他卓有成就的原因,而他人格中的一种最可爱的因素,就是那人见人爱的微笑。可见,微笑的魔力是巨大的,所以女人要学会舒展自己的眉头,放松自己的心情,嘴角轻轻上扬,露出你最美的笑容。笑是人类的特权,女人的微笑是没有瑕疵的,是没有阳光时的阳光。有人说,充满亲和力的微笑是水做的,感性柔和中溢满着阳光的味道。女人的微笑是人世间最美的表情,最纯真的表达,一个女人在由衷微笑的时候是不假思索的。能够拥有阳光般微笑的女人是最可爱的女人,也只有懂得微笑的女人心中才有爱。爱,让微笑更美,而微笑又让爱更加真实甜蜜。女人的微笑能让他人的心变得温暖,变得真实。生活需要微笑,见了朋友、亲人,要学会报之以微笑,可以振奋人的心灵,增进人与人之间的友谊;当你接受陌生朋友的帮助,也报之以微笑,会使双方心情都舒畅,给自己一个微笑,生活会更加阳光。工作上也是一样,需要我们微笑,需要你用微笑去感化影响周围的人,让每一个人的脸上都挂起一片不落的灿烂笑容。

在美国芝加哥郊外的一个小镇上,人们每天都要乘专线巴士去芝加哥上班,尽管每天碰面,彼此都很面熟,但就是从未打过招呼。每个人之间都像是隔了一层纸,虽在咫尺却从未谈笑风生。

一位巴士司机意识到了这种情况,他决定改变这种局面。一天,他和往常一样开车去接上班的人们,车上的人也依然如故,或是只顾自己埋头看报纸,或是观赏外面的风景。当车子行进到了一条山路上,司机突然停了下来。他严肃地对大家说:"现在,大家一切听我的命令。"车上的乘客面面相觑,以为出了什么事情,都显得非常紧张,因而,对司机的话都非常顺从。于是,司机说:"放下你们手中的报纸。"所有的乘客都放下了手中的报纸。司机又说:"把你们的头转向你们身边的人,对他(她)微笑,然后说'你好'。"大家又都依旧照做了。

没有想到,这一微笑,一声"你好"竟然带来了神奇的效果,车厢里的气氛顿时活跃了起来。人们像是由此打开了话匣子,互相介绍,谈笑风生。在一种愉快与融洽的氛围中,汽车很快就到达了终点站。人们向司机投去了感激的目光与善意的微笑,于是大家相约,明天还坐这辆车。

人与人之间的距离,根本不是牢不可破的,有时候只需一个微笑就可以拉近彼此的距离。学会给你生活中见到的每一个人一个微笑,用你的微笑为你传递友好,传达问候。你对别人微笑的时候,别人也会同样微笑地对你,微笑是全世界通用的语言,哪怕你遇到的是一位国际友人,你也可以展现你的善意的微笑。微笑带来的魔力是巨大的,它可以让别人感到温暖,也可以令人自己感到快乐。人与人之间的隔阂,有时候只需要一个理解的微笑,就可以达到和解的效果。一个微笑可以迷倒众人,一个微笑可以"化干戈为玉帛",一个微笑可以提升你的魅力。

密歇根大学的心理学家詹姆士·麦克奈尔教授谈及他对微笑的见解:有笑容的人在管理、教育、推销上会更有功效,更可以培养快乐的下一代。笑容比皱眉更能传达你的心意,这就是在教学上要以微笑的鼓励代替处罚的原因所在了。聪明的女人,你该怎么办呢? 有个办法:强迫自己微笑。当你面对你讨厌的人的时候,你要微笑,那是大度的表现;当你第一次见到对方,不妨给他一个微笑,可以巧妙地化解尴尬;当你一个人独处的时候,可以哼哼调子,唱唱歌,做出很快乐的样子,那样会使你快乐。女人微笑的魅力无处不在,能够时刻微笑的女人,是因为她有一颗乐观的心。微笑的女人,一般来说运气都不会太差,想做一个有魅力的女人,那么就让为微笑来为你增添光彩吧。

羞涩,最令人心动的表情

徐志摩在《沙扬娜拉》中说:最是那一低头的温柔,像一朵水莲花不胜凉风的娇羞。短短两句,却把女人的羞涩刻画到了极致。害羞是女人的天性,因为女人天生就胆小。男人偶尔也会害羞,但是羞涩在女人身上却体现得更为淋漓尽致。一低头、一回眸、一抿嘴,两片绯红瞬间像两片红云一样飞上女人白皙的脸颊，相信这是很多男人都为之动容的一刻。国际影星索菲娅·罗兰说："真正的魅力就是自我的诚实表现。……有时，某种羞涩或者失言，都具有魅力，因为它们发自心灵，诚实无饰，使我们看见了一个人的独特侧面。"的确，羞涩之美是一种发自内心的诚实的美，也是一种含蓄美，"犹抱琵琶半遮面"或是低头不语，无不刺激人的想象力，让人不知不觉沉醉在其中难以自拔。在女人的万般表情当中，羞涩是最动人心绪的情绪，因为它将女人的娇羞、柔弱表露无遗，就像披在女人身上的一层薄纱，增加了她们的神秘感，令人忍不住想一探究竟。

羞涩其实是人类文明进步的产物，任何动物，包括最接近人类的猩猩，都是绝对不会害羞的，自然也就没有羞涩的情绪。羞涩是人类最为天然，也是最纯真的感情现象，它是一种感到难为情，不好意思的心理活动，它往往还伴随着甜蜜的惊慌、异常的心跳。女人外在的表现就是态度显得很不自然，脸上荡起红晕。女人脸上的红晕，就是青春羞涩的花朵，女人羞涩是一种美，是一种特有的魅力。羞涩，往往是女人感情的信号，它是一种动情的外部表现，是被陌生环境、场面所触发的紧张情绪或者是被异性拨了心弦的反应。曾经有位诗人这样写道："姑娘，你那娇羞的脸使我动心，那两片绯红显示了你爱我的纯真。"由此可见，女人那张羞涩的脸，本身就是一首优美的诗。

有一次，唐朝官宦在江苏扬州选美，邀请灵心善感、明目善睐的大诗人崔钰一同前往。那日，美女如云，汇聚一地，她们身着或艳丽如火，或清秀似荷，百花闹春般地让人眼花缭乱。她们在官家的指使下站成一排，低着头，人唤之抬头，接受检阅。崔钰在一旁默不作声，静然观察。但见其中一女子听唤其名，不作犹豫扬头直视，另一女子则腼腆娇柔婉转抬头，还有一个女子，先不抬头，再三唤之，她才慢慢抬起头来，她的目光风情万种，好象在看人又实非看人，等官家鉴定后，她又以眼光施以悱恻的一扫，才又低下头去。崔钰以他敏感的心性和深厚的学养，道出美人的真谛：这个女子羞涩、妩媚，她那脸上泛起的红晕,是含露的两片花瓣,是一章优美的律诗,是女子特有的风韵媚态。

的确,在世上所有的色彩中,女性的羞涩是最美的。那种欲看又不敢看,心跳如小鹿般乱撞,脸上立即红霞纷飞的神态,让人欲罢不能。一个女人虽然美得,就像是从画中走出来的一样,但是如果失去了羞涩之美,就犹如花儿缺少了香味,总让人心存缺憾。"犹抱琵琶半遮面"、"欲走还休,却把青梅嗅",女人美丽的容颜,再带点羞涩的味道,两相映照,互发光辉,更增添了女性的迷离朦胧。女人的羞涩,是一种含蓄的美,是一种使女人充满无限韵味的美,更是一种不可缺失的美。

女人的羞涩既是自身的天性,也是击溃男人的天生诱惑,而男人最喜欢看见女人的表情,就是初始的那种羞涩,正如西厢记中描写红娘夹着枕头送崔莺莺会张生的场景:"鸳鸯枕,翡翠衾,羞答答不肯把头抬,弓鞋凤头窄,云鬓坠金钗",这种羞不自抑的风情,竟惹得多少意乱情迷?即使《金瓶梅》中潘金莲与西门庆初次勾搭上手的过程也决不会很直接,也颇多羞涩的情趣:"潘金莲见王婆去了,倒把椅儿扯开一边坐着,却只偷眼睃看。西门庆坐在对面,一直把那双涎瞪瞪的眼睛看着他,便又问道:"却才倒忘了问娘子尊姓?"妇人便低着头带笑地回道:'姓武。'西门庆故作不听得,说道:'姓堵?'那妇人却把头又别转着,笑着低声说道:'你耳朵又不聋。'……这妇人一面低着头弄裙子儿,又一回咬着衫袖口儿,咬得袖口儿格格驳驳的响,要便斜溜他一眼儿。"足见,在古代女子就懂得用羞涩来打动人心了。

羞涩的女人,都是很有主见的女人。为人处事有自己的原则和底线,知道什么事该做,什么事不该做。同时,羞涩的女人还是有思想的女人,因为见识广博,才更加懂得自尊自爱。不随便和人谈论是非,为人极为克制,不放纵自己的欲望,永远守护着自己的纯洁。羞涩的女人是文静的,她们品行稳重,说话语气温柔,从不对人大喊大叫,走起路来步履轻盈,她们走过的时候,你会突然感觉整个世界都好像放慢了脚步。羞涩的女人是淡泊的,她们永远不会和别人争当女主角，因为她们知道自己要的是什么。更不会挑拨离间，因为她们的善良不允许她们这么做。羞涩的女人气质清逸高贵，不怒自威，这一切都让她看上去那么与众不同，浑身散发出迷人的魅力。

羞涩的女人通常更通情达理。懂得尊重别人，在家里她是好妻子、好媳妇，在单位是好员工、好同事。羞涩的女人会为你保守秘密，是你最值得信赖的朋友。就算事业做得再成功，羞涩的女人也不会狂妄自大，自处高位也绝不放弃自己的一些小爱好。对她们来说，人生只是一段太短的旅程，值得自己珍惜的东西太多太多，只有好好珍藏沿途的每一处风景，才不会辜负了旅行的意义。羞涩的女人是清醒的，这种清醒使她能够坚持自己，同时又不愿意麻烦别人，而这本来就是一种良好的品行。

柔情似水的女人最诱人

曹雪芹借贾宝玉之口一语道破天机：女人是水做的。一个女人可以没有如花的美貌，也可以没有满腹的才华，但就是不能缺少似水的柔情。柔是女人最诱人的地方，也是最吸引男人的特征之一。待人接物通情达理善解人意，对人对事宽容忍让，对待长辈谦和恭敬，和人交往温文尔雅，这些都无一不展现出女人的似水柔情。除了以上所说的种种情况，不同性格的女人也有不同的柔情表现。

有的女人有着无限的温存，想小鹿一般温柔，而有的女人像一道淙淙的流泉，通体内外都充满着柔情。女人的柔情，隐藏着无限的魅力。"回眸一笑百媚生"，浅浅地嫣然一笑，用你的温柔轻轻地表达心意，轻轻地呵护家人，轻轻地去经营和滋润婚姻，爱，才会更畅快地绽蕾。这样柔情似水的女人，如冬日的温暖阳光、春日的和风细雨、夏日的一缕清风，总能够让男人动心,融化。柔情似水的女人能抚慰疲惫的心灵,平复疼痛的创伤,为家庭带来幸福和快乐。在各种类型的女人当中,柔情似水的女人是最诱人的。

女人的柔情之美,是上天赐予女人的奇世瑰宝。女性的柔情,是从自己平时的学养而来,一个女人若胸无点墨,那她肯定是凶悍的,粗俗的,没有女人应有的灵秀之气。而潜修文艺,博览群书的女人,她们禀性必柔,心必聪慧,做事也必通达。因此,学养的熏陶必不可少。柔情似水的女人,具有一种特殊的处世魅力,她们更容易博得人们的钟情和喜爱。卢梭说:"女人最重要的品质就是温柔。"温柔之美是女性美的基本特征。柔情的女人像是绵绵细雨,润物细无声,给人以温馨柔美的感觉,令人心荡神驰、回味绵长。一个女人最大的悲哀就是失去了柔情,若失去了柔情,就没有了女人的味道。

有一次,伊丽莎白女王和丈夫阿尔伯特亲王谈话,语气流露出居高临下的味道,阿尔伯特亲王有些不悦,独自一个人进了自己的房间,把门反锁起来。过了一会儿,他听见有人用力敲门。

"谁?"他问道。

"我,请给英国女王开门。"伊丽莎白女王傲慢地回答。

但屋里没有丝毫动静,过了许久,又响起了敲门声,这一次声音轻多了。

"谁?"亲王又问道。

"是我,维多利亚,你的妻子。"伊丽莎白女王温柔地说。

门,终于开了。

何意百炼钢,化为绕指柔。温柔是女人以柔克刚的秘密武器。纵使男人再怎么心硬似铁,也逃不过心爱的女人一声柔情的呼唤。柔情是爱的抚慰,更是对男人无限爱意的深情表露。柔情的女人是浪漫的、有情趣的,她们总是让自己的生活丰富多彩,更时时给男人新鲜的感觉。在生男人气的时候,她们不会又哭又闹,而是温柔地在爱人面前撒个娇,说出自己的委屈,看着她们水雾蒙蒙的双眸,男人怎么还狠得下心来不理她们呢。

女人之所以是女人,就是因为她们有着似水的柔情,可以让男人的身心得到短暂的休整。身为一个女人，千万不要丢了自己温柔如水的性情。因为在女人所有的品性中，最让人动心的就是她的似水柔情。女人尽可以活得洒脱、精明，但一定要记得该温柔的时候要温柔，时刻不要忘了自己是个女人。女人的柔情，可以是一个充满爱意的眼神，也可以是轻轻掸去男人肩上的灰尘这样一个小小的举动，还可能是面对陌生人时善意的一抹微笑。柔情的女人，谁也无法抵挡她的魅力。她的柔情可以化干戈为玉帛，从某种意义上来讲，适时温柔的女人是最聪明的，因为她用自己的柔情，在平复自己心情的同时也宽容了别人。因为懂得，所以慈悲。柔情的女人总是把别人的困难考虑在自己的前面，不忍心去伤害别人，更做不出对不起别人的事。无论是对世界，还是自己爱的男人，都表现出自己最真的感情。温柔是女人最华美的装饰，即使身处困境，依然行之有效使女人像水一样随遇而安。

有女人的世界才是丰富多彩的世界，没有女人的世界将是缺乏活力的世界。女人可以美丽漂亮，也可以柔情似水，也可以清新如茶。作为女人，不管你属于哪种类型，独立坚强也罢，聪明美丽也罢，清新淡雅也罢，真诚善良也罢，但是假如你缺乏女性特有的柔情，就很难被称作是一个好女人。真正的好女人，应该是传递爱的使者，是微笑的天使。柔情是爱的化身，是烟雨红尘里最美丽的永恒，柔情似水的女人在历经人生道路上的坎坷和岁月的折磨后，也能平静地把每一次的失败都认为是一次有意义的尝试。她们总是能够坦然接受幸福和快乐，从容沐浴忧伤和哀愁，淡然品味孤独和寂寞，总是怀着乐观的心态微笑着歌唱生活，而从不怨天尤人。柔情似水的女人，才能够暗香长留、清美幽远、韵味无穷，她们是最让人心动、最美丽的女人。

卡耐基说："温柔是女人赢得尊重的钥匙。"柔情的女人，轻轻一扬手，缓缓一低眉，微微一张嘴，都透着迷人的风情。所以，柔情似水的女人是最诱人的，也是最有魅力的，她拥有一种无与伦比的美丽。柔情女人的美，美在心灵,美在气度,美在内涵。人生长路漫漫,人生自有其挫折和苦难,不会一帆风顺,学会做一个柔情似水的女人吧,做好自己该做的事情,关爱我们身边的人,用我们的柔情去感染周围的人,尽量把女性的优雅发挥到极致,让柔情似一条永远流动的小溪,总在无声之处响起,轻轻唤醒人们内心深处的柔软,这样我们的生活就会多一点美好,少一些哀怨和遗憾。

第 5 章

举止，优雅得体让魅力环绕你

一个女人的魅力，很多时候是通过她外在的表现自然而然散发出来的。如果你参加一次社交聚会，而你的举止优雅得体，那么就会让无尽的魅力在你身上展现出来。有风情的女人就像是灵动的流水，她们在一举手一抬足的时候，就会尽显万种风情，迷倒在场的所有人。一个女人的性感是一种以内心的智慧和外在的妖娆修炼而得到的一种状态、气质和表达方式，并不是说暴露的愈多就会愈性感，对于女人来说，性感也是做出来的。一个举止优雅，相貌平平的女人胜过外表华丽而举止粗鲁的女人，所以说女人的内在魅力是无法抵挡的。成熟女人应该有自己独特的风韵，或从容不迫，或宁静淡然，或浪漫如诗。女人味是女人专属的味道，既然上让你做女人，那么你就要尽情地展现你的女人味，那是一种让人无法抗拒的魔力。

举手投足间尽显"风情万种"

有时候,一个有魅力的女人,只需一举手一抬足,无意中就会散发出风情万种,倾倒众生。女人的风情和男人的风度一样,一个女人纵然外表再美丽再漂亮,可如果她没有女人应有的风情,那就会像一泓不会流动的水,一座没有灵气的山,显得空洞乏味。对于每一个女人,漂亮与否仅仅限于外貌。而风情,则是女人骨子里透出的一种味道,如果说你卖弄风情,那就显得你庸俗不堪。风情万种的女人,在聚会或是社交场所,总是能够展现自己最为优雅的言行举止,她举手投足之间,多一分则是轻浮,少一分则是做作,风情的女人总是拿捏着恰到好处。风情万种的女人,可能看起来说不上她漂亮,但是她站在那里,人们却会认为她是个独特的美丽女子,不是诱惑的媚,却能触动心底的弦,回味了再品,更是醇厚的香。做一个风情万种的女人,你就要有优雅得体的言行举止,那样才会尽显你耀眼的魅力。

萧蔷,一双如梦的大眼睛透着清纯,写满了热情。安静的时候,她会像水一样柔柔的,让人爱怜,令人心动,让人感觉心里也是柔柔的;动起来的时候,那飘飞的长发透出十足的野性、张扬、性感、富有活力,令人热血沸腾,让人激情四溢!她的风情带有一种强烈的渗透力,让你无处可躲,无处可逃!当然,面对她的美丽她的风情没有人愿意去躲!去逃!

有人说女人的风情柔情似水,女人的风情能够让人忘去生活中的种种不如意,女人的风情如同一首醉人的歌,令人如痴如醉;女人的风情又是男人的一支麻醉剂,让男人陶醉其中。她们身着端庄得体的华丽衣裳,容颜精致,不时用手去理耳边掉下的发丝,举手投足间妩媚性感,多情的眸子顾盼生姿,点点红唇似张未张、晶莹剔透,蛮腰轻扭,真是仪态万千,风情万种。

女人的风情，是一种从骨子里透出来的妖娆，清澈如泉水，甘甜如蜜糖。风情，是一种风花雪月般的浪漫，纯洁如皓月，热烈如骄阳；风情，是一种柔得无边无际的感觉，像水像冰像清亮的细雨；风情，对男人来说，是一种致命的诱惑，像玫瑰含苞欲放的娇姿；风情，又像是雨后的野菊，散发出温软的芳香；风情，更是一种色彩，一种迷死人不偿命的色彩；风情，它会让一个姿色平庸的女子，变得美丽而妖娆。

张曼玉穿着旗袍，穿出了十足的风情，那个已不再年轻的女人，周身荡漾的风情令男人着迷，令女人妒忌！她根本不需要开口说话，只要静静地坐在那里，你就会发现，她身上散发出一种让人难以抗拒的吸引力，媚态的眼神、妖娆的身姿、慵懒的神态，雍容华贵，性感十足，却又透出一股子冰清玉洁来！

女人的风情，是刻在骨子里的风韵，看不见摸不着，却让人情难自禁。女人的风情，更在不经意中倩笑兮百媚顿生，令无数英雄豪杰尽折腰。女人的风情，在举手投足间尽情地释放，常常让男人不知自己身在何处。一个充满风情的女人，浑身上下的都充满了神秘魅惑的味道，让男人不知不觉想要走近她、了解她。风情是上天给予女人最高的奖赏，更是每一个渴望完善自己的女人的必修课。风情万种的女人常常让人嫉妒，但却难以掩饰她们的光芒。

有魅力的女人，就应该有自己的个性，有自己的风韵，有自己的独特，有自己的风情。她们在顾盼之间招人怜，媚眼纷飞招人爱，回眸一笑惹人醉。真正风情万种的女人，不是搔首弄姿，更不是浓妆艳抹，而是由内而外散发出来的迷人风情，它是一种优雅得体的举止，更是高雅迷人的谈吐。风情是女人独有的韵味，体态丰而不腻，身姿媚而不妖，更为难得的是举手投足顾盼之间，有着漫不经心、怡然自如的一丝高贵。她们不需要言语，就会令人怦然心动，令女人嫉妒，令男人疯狂。风情万种的女人，似乎血液里就有一种风情，骨头里散出的是风情，眉眼里流的是风情，嘴畔间笑的是风情，步姿袅袅的也是风情。

那风情里有一种风流,有一种性感,还有一种高贵,一种优雅。既勾人魂魄,又令人敬重,那本身就是一种高贵的风骚,一种干净的性感。

风情是女性最本质的女人味,是最性感的内在风韵,风情是来自于"神",而性感来自于"形",神是内在,形是外在。万种风情使女人骨子里渗透出来的诱惑力,更能体现女人十足的韵味,让男人为之倾倒,为之痴迷。女人真正的风情,不在于卖弄,不在于张扬,而在于自然地流露。当然,女人的风情并不是一朝一夕就能自然地流露出来的,也不是女人某一身体部位,或者某一行为动作就能展现出来的。这都需要女人从文化到修养,从言谈到举止,从服饰到妆容,经过很长时间磨炼出来的。女人要想拥有万种风情,就需要增强自己的学识,修炼自己的人格,学习文化,规范自己的言谈举止,选择合适的服饰打扮。女人的风情,在张扬的时候,要有板有眼;敛收的时候,要恰如其分。做一个风情万种的女人,要从里到外,由内及表,使自己焕发出迷人的风采。

性感,也是做出来的

性感绝对算是女人最有吸引力的标志,它会让女人心生嫉妒,令男人欲罢不能。没有一个男人可以抗拒一个女人的性感,而女人的性感也似乎是为了特意展现给男人看的,比如在一些装扮、举止形态下,展现自己性感的身材。女人并不是天生就是性感,它是女人后天自己慢慢修炼出来的。更多的时候,女人的性感是靠自己表现出来的,性感是经过内在的欲望和外在魅力的修炼表现出来的某种状态、某种气质。她们有时候表现的或是轻咬嘴唇,或是展露香肩,或是裸露后背,或是衣衫浸湿展现自己姣好的身材,或是清脆而富有诱惑力的嗓音,而这些表现在她们身上,就成为她们性感的表现,在男性看来,那就是极具诱惑的魅力。

女人的性感虽然表现在外表,但是它的根本点却是来源于内心的智慧。很多女人走入一个性感的误区,她们认为性感就是将自己的身体暴露得愈多就会愈性感,其实远不是这样。适当地使自己的身材若隐若现,那是一种诱惑人的性感,但是如果你不加限制地暴露自己的身材,你的性感就会变成肉感,而且让别人感觉你就是个低俗的女人,对于别人没有任何吸引力,甚至会让人对你有厌恶之感。女人并不需要把性感这样的魅力,局限于自己的身体,甚至认为只要穿着袒胸露背的衣服搔首弄姿,就会使自己看上去很性感。其实,性感只是你不经意间表现出来的一种状态、气质和表达,它不是一种刻意地表现。风靡于网络的不少女人,就是穿着暴露,故意搔首弄姿,但是在网民看来,那根本不是性感,那是一种做作的"恶心"。做一个性感的女人,要知道掌握好一个度,所以,有魅力的性感,是诱惑而不放纵,挑逗而不放荡,能够吸引众人的眼球,还能够使自己良好的形象得到保持。

女人的性感,有时候就是一些细微的举止、动作的那一瞬间散发出来的极具诱惑的魔力,所以说女人的性感其实是可以通过素质、性格等流露出来的。你可以在你内在的智慧上,再修炼自己妖娆的外表,就会使你的性感完美地展现出来。女人学会一些性感的小动作,就会使你的性感魅力尽情绽放。

1. 不经意地撩头发

这是所有的性感动作中安全系数最高的一个。当一个美丽的女人当着男人的面,不经意地撩动自己长发的时候,让人感觉自然而又优雅。尤其是当女人的秀发轻轻地在空气中飞舞,房间里弥漫着迷人的发香的时候,那种诱惑瞬间可以令一个男人魂飞魄散,让他觉得你性感至极,这就是自然美的独特魅力,不矫揉造作却可以尽情释放女人所有的美丽。

2. 双腿交叉而坐

在女人的坐姿中,数双腿交叉的坐姿最为优雅,也最为性感。我们不妨想象一下,当一个女人穿着短裙双腿交叉坐在一个男人的对面,相信这一定是极具诱惑力的一幕。聪明的女人常能优雅从容地交换双腿,但又绝不让自己的春光外泄,将性感进行到底。

3. 调整内衣肩带

当女人不经意地调整滑落的内衣肩带的时候,给男人的感觉就好像是在宽衣解带,自然会引起男人无限地遐想,想象着你另一边肩带也一起滑落的那一刻会是怎样的一种情形。

4. 伸懒腰

很多女人在早上刚起床,或者是工作休息的间隙,都会很自然地伸个惬意的懒腰,这对女人来说可能司空见惯,而对于男人,那种慵懒的体态就好像是一只小猫,有着小女人的可爱,让男人情不自禁地想要抱抱你。另外,伸懒腰的时候,可以让我们的身体曲线自然地展现出来,也让我们的性感暴露无遗。

5. 手指轻抚嘴唇

对男人来说,女人的红唇诱惑力非常大,当一个男人喜欢一个女人的时候,第一个想到的就是亲吻她的嘴唇。所以,女人在百般聊赖时,有意无意地用手指轻抚自己红润饱满的双唇,实在是一种极富诱惑力的挑逗,尤其是她无辜的表情,更让男人觉得她非常性感。

6. 穿迷你裙上楼梯

除了胸部,女人的臀部也是吸引男人关注的关键部位。特别是上楼梯的时候,女人的臀部轻轻扭动的样子,把女人身体的迷人之处显露无遗。很多男人在上楼梯的时候,如果前面走着一位穿迷你裙的漂亮女人,可能心底里都希望她走的慢一点,最好永远不要走到楼梯的尽头,这时候人类偷窥的本能就会自然而然表现出来。

7. 站着穿鞋

女人站着穿鞋,不仅可以展现出自己优美的身体曲线,而且当我们单脚站立的候,自然会站立不稳,身体显得摇摇欲坠,会引起男人本能的保护欲望。

8. 抚摩小腿

女人的美腿也是男人最关注的性感部位。尤其是一双修长白嫩的小腿，更是秒杀男人的秘密武器。当一个女人将全部的注意力都集中在美腿上，一双玉手不停的抚摸着小腿，在男人眼中无疑是最性感的。

9. 吃水果

想要展现女人嘴型的性感，吃水果是一个非常好的办法。将水果尽可能切成小块慢慢地放入口中，保证让你迷倒男人。当你吃水果的时候，舌头会自然地伸出，嘴型就会显得非常性感，会让男人忍不住想要一亲芳唇。尤其是在吃樱桃的时候，舌尖轻轻地抵触，简直会让男人血脉贲张。

举止优雅胜于外表华丽

女人的美丽不是为了取悦男人，不是追求虚荣，而是热爱生活与自尊自爱的写照。优雅的女人，热爱生活，热爱自己，而不是到处炫耀自己的美丽，因而，她的魅力就是无意间散发出来的。一个有魅力的女人，一定是一个举止优雅的女人。如果一个女人只是外表华丽，但是举止粗鲁，言谈粗俗，就会让人感到失望，甚至是厌恶。如果只是一个相貌平平的女人，但是她能够展现自己优雅得体的举止言谈，就会让人感到很舒服，也就是说，优雅的举止可以使一个平庸的女人变得异常迷人。对于一个女人来说，优雅的举止要胜于外表的华丽。所以，做一个迷人的女人，那么就先学会做一个优雅的女人吧。

一个女人优雅的举止，虽然表现在外面，但是那优雅的气质却是来自内在的修养。在生活中，做一个优雅的女人应该是女人一生中追求的目标。女人的优雅是表现风度举止的一种方法，它是自然的、有个性的、简洁的、调和的、知性的，还有就是宽容的，也是面对生活各种不同状况所反映出来的内心的一种智慧。如果一个女人内心没有优雅的话,就不能说是真正的优雅。从一个女人优雅的举止里,我们可以看到一种文化教养,让人赏心悦目。要做一个优雅的女人,首先就是要增长自己的知识,将优雅之树的根深深地扎在文化的沃土之中,这样才能使它枝繁叶茂。读破万卷书的女人,心中就不会存有一点污染,知识可以培养一个女人的优雅。所以,要想做一个优雅的女人,就要多读一些书,尤其是一些励志的书,不断地充实自己,完善自己,才能使自己的言谈举止优雅起来。一个举止优雅的女人,她可以胜过一个外表华丽的女人,举止优雅可以使你的魅力迷人。

1. 站姿

要"站如松"。正确的站姿是:站立时,身体与地面垂直,重心放在两个前脚掌上,挺胸、收腹、抬头、双肩自然放松,双臂自然下垂或在胸前交叉,眼睛平视前方,面带微笑。站立时歪脖、斜腰、曲腿等姿势都是很不雅的。尤其是在一些比较正式的场合,千万不要将两手插在裤袋或在胸前抱握,那样既不雅观,又显得我们拘谨,给人缺乏自信的感觉。总之,站立时一定要身材挺拔,给人以亭亭玉立之感。

2. 坐姿

要"坐如钟"。正确的坐姿是:挺胸,抬头,收腹;前不可贴桌边后不能靠椅背,身体与桌、椅保持一拳左右的距离;两膝自然并拢,双脚自然垂地,不可跷腿,也不可双腿一前一后,呈内八字状。双手掌心向下相叠或者两手相握,置于身体的一边或放在膝盖之上。女人坐得端庄优美,会给人自然大方、文雅、稳重的美感。在正式场合,入座时动作一定要轻柔和缓,起座时要端庄稳重,切忌猛起猛坐,弄得桌椅乱响,造成尴尬的气氛。不管是哪一种坐姿,上身都要挺直,这样不管我们怎样变换身体的姿势,我们的坐姿看上去都会自然、优美。

3. 起姿

行走是女人生活中的主要动作,走姿是一种动态的美。"行如风"就是来形容轻快自然的步态。正确的走姿是:轻而稳,胸要挺,头要抬,肩放松,两眼平视,面带微笑。迈步向前的时候,重心应从足中移到足的前部;腰部以上至肩部应尽量减少动作,保持平稳;双臂靠近身体随步伐前后自然摆动;手指自然弯曲朝向身体。行走路线尽可能保持平直,步幅适中,两步的间距以自己一只脚的长度为宜。

4. 谈话的姿势

跟别人交谈、听别人讲话时,身体要微微前倾,双目自然真诚地看着对方,面带微笑,适时地对对方的问题做出回应。切忌边听别人讲话边忙自己的事,比如看着窗外和手表,或者玩弄手机,哈欠连连等,这样都会给别人留下不良的印象。

5. 气质

女性的气质贵在优雅。社交中,女子应表现出女性的温柔、轻盈、娴静和典雅之美。行为举止有柔性,优美有度,给人以虽动犹静的韵律美,再伴之和善亲切的微笑,这样的女性才会让人觉得赏心悦目。有良好修养的女性,在举止行为中一般都注意这些方面:自然大方、善于微笑、注意场合、尊重他人。

6. 谈吐

女人得体的谈吐是修养的再度升华,交谈是人与人之间通过语言进行交流,从而达到沟通信息,相互了解的形式,只有掌握了一定的技巧与礼节,才能在与人的交谈中体现出自己的修养。俗话说:"良言一句三春暖,恶语伤人六月寒。"同样是说话,有文雅、粗俗之分,恭敬有礼的话温暖人心,刻薄粗俗的话令人不悦。女人在面对任何人,在任何场合说话,都有自己的特定身份。这种身份,也就是自己当时扮演的角色。如用对小孩子说话的语气对老人或长辈说话就不合适了。说话要尽量客观。这里说的客观,就是尊重事实。事实是怎么样就怎么样,应该实事求是地反映客观实际。有些人喜欢主观臆测,信口开河,这样往往会把事情办糟。当然,客观地反映实际,也应视场合、对象,注意表达方式。说话要有善意。说话的目的,就是要让对方了解自己的思想和感情。

7.优雅就餐

喜爱香水的女士不宜涂过浓的香水,以免香水味盖过菜肴味道。女士出席隆重晚宴时避免戴帽子及穿高筒靴。刀叉、餐巾掉在地上的时候,不要随便趴到桌下捡回,应请服务员另外补给。食物塞进牙缝时,不要一股脑儿用牙签把它弄出,应喝点水,试试情况能否改善。若不行,应该到洗手间处理一下。菜肴中有异物时,别大惊小怪的告知邻座的人,以免影响别人的食欲。应保持镇定,赶紧用餐巾把它挑出来并扔掉。切忌自己在妙语连珠的时候,不自觉地挥舞刀叉。不应在用餐时吐东西,如遇太辣或太烫的食物,可赶快喝下冰水作调适,实在吃不下时便到洗手间处理。

成熟女人的独特风韵

成熟的女人有她自己独特的韵味,一个成熟的女人就应该是一位有品位的女人。成熟的女人,要学会不断地改变自己,不断创造新的情趣,不要沉沦于锅碗瓢盆和琐碎的事务之中,要善于从俗事中跳出来,从习惯中脱逸出来,不断创造新的感觉。成熟女人独特的风韵轻易惹人醉,修炼到此境界的成熟女人就如同陈酿美酒,令人迷醉。索菲亚·罗兰说过:"年龄是你的一种自我感觉。"她说,我很欣赏一个法国男士在这个话题上对我说的话:"女人从三十五岁到四十五岁是要变老的,那是自然规律。而某些女人在四十五岁时却像着了魔似的一下子变得智慧,美丽,成熟,热烈和娴静。这样成熟而浪漫的美与容貌无关。"如果你已经是一个成熟的女人,那么就要学会拥有你独特的风韵。

就像四季的更迭一样,每一个女人都要经历成熟的阶段。少女固然单纯可爱无忧无虑,但成熟的女人也有自己的独特风韵。成熟的女人就像一杯美酒,在经过岁月的洗礼之后,华丽转身,化蛹成蝶,散发出迷人的芬芳。成熟的女人是自信的,是清醒的,也是乐观的,她的脸上时时挂着发自内心的真诚的微笑。成熟的女人面对困境处变不惊,沉着应对,在她的身上你绝看不到一丝女性的脆弱。成熟女人是性感的。成熟女人的性感既不在于身材是否魔鬼,也不在于脸蛋是否天使,而是其由内而外散发的蚀骨风情。任何鲜亮的色彩在这样的风情下都默然失色,唯有柔褐,暗而不哑,描绘性感风韵。性感不是年少轻狂时的招摇过市,而是隆重出场时赢得的鸦雀无声,与百分百的回头率。

成熟女人能巧妙地将各种角色集聚一身,做母亲的,明智、奉献与大度,做妻子的,娴熟、明理与娇柔;做红颜的开诚布公,做朋友的,肝胆相照。

成熟女人的韵味在于:情韵上,把握男人的脉搏;神韵上,潜入男人的灵魂;意蕴上,走进男人的心灵深处。

成熟女人的韵味在于:名声上,看得淡;情感上,看得开;仕途上,看得清;钱财上,看得透。

成熟女人的韵味在于:把握自己的健康,把握自己的心态,把握自己的生活,把握自己的命脉。

成熟女人的韵味在于:生活的平静,生存的安宁,心态的与世无争。

风韵女人一定是并不年轻但很成熟的女人,所谓成熟,不仅包括心态,也包括身体。因为成熟,所以显得随心所欲,得心应手,直叫人分不清东西。真正成熟的男人欣赏与迷恋的,一定是风韵犹存、风情万种的女人,在成熟男人看来,性感的女人是一杯水,晃眼但却乏味,风韵的女人如一瓶酒,色重但却够味,尤其是那种经久不息的后劲,醇和绵长,非常值得回味。成熟的风韵女人都有自己的独特的风韵,或是淡然从容,或是宁静优雅,或是浪漫如诗。

1. 淡然从容

成熟的女人,她们淡然从容,处变不惊,尽情地享受着生命中的每一刻。工作的时候,全身心投入地工作,就好像不是为了钱一样。就算得不到别人的喝彩,她一样会为自己鼓掌。她绝不会肤浅地因为别人的评价就无所适从。做任何事情,她都有自己的目标和计划。热爱工作,却不是工作狂。下班之后,她们常常会给自己和家人烹调几道美味,犒劳一下自己的胃,让家里洋溢着温馨。在音乐的陪伴下,她们会将家里打扫得干干净净一尘不染,然后在浴室惬意地享受着玫瑰花瓣浴。睡前会翻几页好书,然后在书香中美美地睡去。成熟的女人喜欢看书,喜欢听音乐,她们常常会被书中的故事感动。成熟的女人也会做健身运动,让自己的身体时刻保持健康状态。

2. 宁静优雅

成熟的女人,她们宁静安详,心清气爽,温柔娴雅,善解人意,拥有至真、至纯、至善、至美的情感。她们为家庭营造一种舒适、安然、甜蜜、温馨的氛围,她们柔情似水、体贴入微、缠绵的情怀是男人停靠的温暖港湾,深邃的母爱是孩子依偎的圣洁天堂。她们或许已经上有老人,下有子女,而且她们还和男人一起挑起婚姻、家庭的重担,柔软的肩膀撑起一片蓝蓝的天。虽然自己肩上已经有家庭的负担,但是无论她们在家里还是出入各种场合,都会尽显她们优雅的姿态,让你感叹她宁静而优雅的风韵。

3. 浪漫如诗

浪漫是"成熟女人"这本书的封底,而不是装帧得精美的封面。就如同你突然在书架上找到一本可心的好书,一章章,一节节,一个字,一个句,一个情节,一个故事,不急不慌地读过,直到最后一个句号。当你闭上眼睛的时候,你还在恋恋不舍地追忆读她的感觉,心满意足地随意合上她的瞬间,才看到了她并不起眼的封底。可这时你已经知道书中一个个令你心动的细节,你也不必再为找寻某一章某一节而匆匆地浏览。你可以舒心地长叹一口气,从容地面对封底,坐下来去细细地回味书中的内涵——正如品味一个成熟女人独具的风韵与浪漫。

修炼无法抗拒的女人味

女人味是俘获男人最好的武器。一个女人可以不漂亮，也可以不聪慧，但绝不能失去女人味。有女人味的女人，男人会不自觉地被吸引，就连女人也会对她高看三分。有女人味的女人知道自己的优势，也知道自己的弱点，懂得适时进退，绝不会为了所谓的面子逞一时之强，失了自己的身份。她们永远知道怎么做才是对自己最有利的。也因此，她们常常在人际关系中如鱼得水，左右逢源。可惜女人味不是每个女人都有的，许多女人终其一生也不得要领。因为女人味看不见摸不着，无形无色，说不出来是一种什么形状，只是一种感觉，是从女人的骨子里散发出来的一种味道。像花一样在空气中绽发，让经过的人都情不自禁地放慢脚步，驻足欣赏。

女人味，那是专属于女人的味道，也是女人的魅力所在。女人味对于女人就像鲜花之于香味，明月之于清辉，所以做女人一定要有女人味。女人有味，三分漂亮可增加到七分；女人无味，七分漂亮会降至三分。女人味让女人向往，令男人沉醉。男人无一例外地会喜欢有品味的女人；女人征服男人的，不是女人的美丽，而是她的女人味。作为女人，无论你是高级白领还是普通家庭主妇，都少不得女人应有的温柔、温顺、贤惠、细致和体贴。要在传统和现代之间寻找一个平衡点，在追求性感火热的时尚之美的同时，也不摒弃传统古典的雅致婉约，既要在事业上与男人比翼齐飞，也不失去一个小女人的小情调、小手段和小幸福。那些凭内在气质令人倾心的女人，是最有女人味的女人。

王月是一个知性的中年妇女，像所有传统的女人一样，她贤惠、善良，相夫教子，只是性格略微有些火爆。

有一天，她在街上发现丈夫和一个年轻女子亲密地相拥，她简直不敢相信自己的眼睛。那个与自己生活了十几年,甚至有点"懦弱"的丈夫居然背叛了她,甘愿冒着"妻离子散"、"前程毁灭"的危险。她无法接受这个可怕的事实。她号啕大哭,大吵大闹,最后换来的却是丈夫一脸漠然的对她宣布"离婚"。

"为什么? 我犯了什么错? 我做了对不起你的事吗?"她用颤抖的声音质问丈夫。

丈夫叹了口气说:"没有,你做得很好。你是一个好妻子,也是一个好母亲。"

"为什么? 就因为她年轻、漂亮?"她恨那个夺走她丈夫的狐狸精。

她的丈夫摇了摇头,始终没有说出原因。而在他们离婚后,她的丈夫在和朋友的一次聊天中,说出与妻子分手的真正原因,与第三者并无关系。他说他爱上那个女子是因为她更像女人,如果没有遇见她,也许会遇见另外的女人。

更像女人,这就是答案。男人要勇猛、要强悍,有男人味才像个男人。而女人则要温柔、要性感,要有女人味,也才像个女人。很多女人,不明白这个道理,认为女人味是一种看不见,摸不着的东西,不知什么才是"女人味"。其实,女人味很简单,就是女人所独有而男人所不具备的外在的、内在的东西。也许是一杯红酒下肚后,两颊那两抹红晕;也许是在厨房里忙得不可开交时,回头的那一笑;也许是有了孩子之后,身上散发的那种母性的光辉;也许是眼神中的那一点关怀。总之,女人味是灵动的、神秘的,让男人魂牵梦绕,让女人羡慕不已。

被称作"铁娘子"的英国前首相撒切尔夫人曾不无骄傲地说:"每当我在家里,早饭总是我做,午饭也是我准备。"她外刚内柔的性格就是女人味十足。

女人味并不是一种特质,也不是一个单词,它像一种无形的力量,传达出女人的气息。上天让你做女人,你就好好地做个女人,把女人做到极致,做得有滋有味,有声有色。即便你没有花容月貌,窈窕身材,但是你可以有女人味,这就是你最大的魅力。所以作为女人的你不论是在街上、咖啡厅、机场、酒吧、办公室,都要像个女人,24 小时都是不折不扣的女人,随时随地展示你作为女人的风采和魅力。

　　要做一个有女人味的女人却不那么容易，能让男人心动并欣赏的女人不一定漂亮，但一定是女人味十足的女人。女人味不是与生俱来的，是要通过自己在后天慢慢的修炼，才能使自己韵味丰盈四溢。所以女人味就成为女性的自我证明、自我追求、不断提高的一种境界。女人味是一种文化修养，一种品味，一种美好情趣的外在表现。如果你觉得自己不够漂亮，没有关系，你可以让自己女人味十足，那绝对让你拥有他人无法抗拒的魅力。

第二部分

做有品位顾健康的雅致女人

　　漂亮的女人如花，雅致的女人如茶；花有花期，总会凋谢，茶却有余香，让人回味。单纯地选择做花一般的女子或者茶一样的女人都不是我们所想要的，最好的结果是这两种的结合，外表如花，内里如茶。得体的衣着，脱俗的气质，高雅的品味，认真的聆听，幽默的谈吐，健康的体魄，做一个这般有品位、顾健康的女人，无论在怎样的场合出现，都有如清风徐来。这样的女子，在公共场所不会大声喧哗或有不良举止，在老公和亲人面前会展现自己娇弱的一面，在孩子面前更是童心依旧。她不会因为家务或者年龄而懒慢自身的修养，反而会注意锻炼让自己更健康。做一个这般让人感觉亲切随和，使人如赏名乐、如品名茶的的暗香涌动的雅致女人吧！

第 6 章

品位，出尘脱俗升华魅力

雅致的女人，就像一件完美的艺术品，每一个细节都是艺术家精心设计的杰作，她们有品位，有情调，无时无刻不在享受生活。在雅致女人身上，我们看不到岁月的痕迹，看不到生活的辛酸，好似在世界的某个角落有一座桃花源，专为她们的栖息之地。人生在世，不应该仅仅为了生活而生活，在雅致的功课里，那些忙于生计，为生活所累的女人，或许可以暂时停歇匆忙的脚步，好好欣赏一下周围美丽的风景。

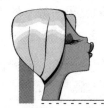

魅力女人玩转时尚

有人说,徐静蕾清淡如菊;也有人说她芳雅似兰;还有人说她是绿茶,嗅之芳香扑鼻,入口清凉回味长久……在娱乐圈摸爬滚打多年,徐静蕾的魅力不仅没有打折,还越来越具芬芳。不能否认,徐静蕾是娱乐圈中的常青树,是最有魅力的女星之一。

徐静蕾的魅力,与时尚不无关系,她曾有名言:"时装是一种艺术境界。"无论在什么场合,她的衣着和饰品都是观众津津乐道的话题。在《杜拉拉升职记》中,徐静蕾的服饰风格丰富前卫,完全丢开传统职场女性沉闷单一的着装风格,引起了全国职业女性的职业装束大变身。

不仅如此,徐静蕾还玩起了当下最流行的博客。徐静蕾在新浪上的博客仅仅开通 112 天,点击量就突破了 1000 万大关。2006 年 5 月 4 日,徐静蕾的博客登上了全球知名博客搜索引擎 Technorati 的排行榜首,成为第一个登上该搜索引擎榜首位置的中文博客,她也因此被称为"中国博客第一人"。

引领时尚潮流的徐静蕾,其魅力不仅没有随着年龄的增长而有丝毫减少,反而越来越令人回味无穷。时尚,是人类永远关注的话题,也是女人永葆魅力不可或缺的工具。玩转了时尚,女性就会散发出一种专属于自己的独特魅力,别人想学也学不到。

女人和时尚之间,有剪不断理还乱的关系。女人追求时尚,时尚又常常是女人的专利,我们经常听到时尚女人,却很少听到时尚男人。走在大街上,那些穿着时尚、举止优雅的女性总能轻易吸引男士的目光。男人喜欢有品位的女人,而品位又与时尚有直接的关系。一个有品位的女人,浑身上下都散发着时尚气息,而一个不知时尚为何物的女人,无论如何也不可能具有品位。

　　在很多女人眼里，流行就是时尚的代名词。流行什么，她们就认为什么最时尚。于是，在街上经常看到很多女人穿着同一款衣服，甚至从头到脚造型都一模一样。流行是一阵风，跟风的永远是那些没有自我的女人。而时尚的女人在人群中是不会被埋没的，她们形成自己独特的气场，让人不敢逼视。对于她们来说，只撷取流行的一个元素，就可以打造出属于自己的时尚。要把时尚玩转，而不要人云亦云紧随着流行的脚步，到头来被时尚给玩了。

　　魅力十足是每个女人都渴望得到的赞美之词。一个魅力十足的女人，她必定外表精致优雅，举止得体大方，言谈丰富时尚，声音轻缓悦耳，眼神充满善意。魅力的内涵是外在形象与内在素质的完美结合，而形象和素质都是可以通过时尚加以提高的。

　　瑜伽可以修身养性，培养气质；旅游可以开阔视野，放松心情；创业可以赢得自尊，练就睿智的眼光；理财可以使人更好的规划自己的现在和将来……这些，都是当下最为时尚的元素，也是女性提高自身魅力的有效方式。时尚，并不是简单的追求名牌，而是体味时尚的内涵，在时尚中修炼自己的魅力。

　　一般来说，时尚带给人的是一种愉悦的心情和优雅、纯粹的不凡感受，它赋予人们不同的气质和神韵，体现不凡的生活品味，精致展露个性。同时，人类对时尚的追求，能够使人更加自信，注重生活质量，促进生活更加美好。

　　很多女人年轻时也曾是时尚忠实的追随者，华衣美服，举手投足间都是时尚迷人的味道。而随着年龄降长，各种琐事的增多和工作压力的增大，许多人逐渐放弃了跟随时尚的脚步，对时尚的理解与时代脱节，过早地将自己与时尚隔绝开来，每日只是忙忙碌碌地过日子，却忘了我们活着的意义。女人不管什么时候，一定要活得美丽，始终保持自己独特的魅力，这才是作为女人的终极目标。

时尚是对女人的充分肯定,而时尚的内涵是随着时代的发展而不断变化的。女人要玩转时尚,还要有一双善于发现时尚元素的眼睛,不要在别人已经觉得索然无味时,才发现那原来是时尚的一种形态。

女人是否有魅力,关键看她能吸引多少人的目光。时尚,从来都是别人目光追逐的对象,具备了这个条件,你就能在人群中显得与众不同,鹤立鸡群。做个玩转时尚的专家,你就离魅力女人更近了一步,生活也会更加精彩。

女人做音乐的精灵

生活中,一幅至美的画,值得人们细细欣赏;一本古老的书,值得人们慢慢品味;一段陈旧的往事,值得人们淡淡回忆;一个美丽的传说,值得人们默默流泪;一部感人的电视剧,一句温暖的语言,一把风雨中的伞……这一切的一切,都是人生中不可缺少的,但还有一样,是既离不开但又不曾真正拥有过的东西,那便是音乐。

有人说,王菲的声音是天使般干净、清新的声音;有人说,有一种音乐叫王菲;还有人说,王菲是十几年来华语乐坛唯一真正有实力的歌手……关于王菲和音乐,有太多的故事,也有太多的传奇。

1996年,王菲以《浮躁》颠覆了港台流行音乐的一贯模式,展现了极富创意的另类曲风,那是她至今最受好评的专辑之一,也是她在音乐领域上的一个里程碑。后来,《流年》、《棋子》、《旋木》、《但愿人长久》、《传奇》等一首首人们张口即来的经典歌曲,逐渐奠定了她在歌坛上不可动摇的地位,使她在歌迷心中成了雪山上深居的仙女,可望而不可即。在音乐的世界里,我们感受到了她的真实,她的勇敢,以及她的出尘脱俗。

王菲长得并不算漂亮,但她无可动摇的亚洲天后的头衔,却是一百个香港小姐都无法超越的。很多人爱王菲,是因为她的天籁之音。也许,王菲注定是为音乐而生的,她的一生,注定要与音乐融合在一起。

成就王菲传奇一生的,是音乐。在这个世界上,女人天生离不开音乐,只要在厨房、书房、阳台等有女人的地方,就一定有音乐的痕迹。女人和音乐,是一对亲密无间的恋人,失去了音乐,女人如同失去了自己心灵深处最重要的那个人。

现代人忙碌的生活,压抑的情感,需要一种寄托,而音乐,就是这种寄托最好的载体。忙碌了一天之后,女人打开客厅里轻缓地音乐,一面在厨房做饭,一面随着音乐轻轻吟唱,这是多么惬意的一种生活啊!

一直很羡慕古代的女子,可以优雅地对着清风明月抚琴,用琴声诉说自己的情怀,那曾是月光下最美的景致。会演奏乐器的女人即使长得不美,也会给人一种别样的感觉,觉得她很有韵味。

爱音乐的女人爱生活,音乐是她们生活中很重要的一部分。她们常常会莫名其妙地因为一段旋律伤感或者开心,那是她们把自己的感情融入了音乐当中。带着感情来歌唱,普通人也可以唱出自己的心声。

有气质的女人钟爱音乐,听音乐就像呼吸空气一样自然,不可缺少。如果把听音乐比喻成吃饭,正餐就应该是《图兰朵》,以卡拉丝或者波提切利演唱的歌剧片段做背景音乐;如果有酒那就要《蝴蝶夫人》——浓烈的味道像一杯苦艾酒,即使泪流满面,人们也心甘情愿去感受;饭后的甜点不妨来一点格里格的钢琴小品,轻柔抒情的琴键敲遍全身,在每一处都印上静谧的音符。一个有气质有情调的女人,懂得在音乐中享受生活,享受丰富多彩的人生。

失恋时,女人需要一首悲情的音乐来发泄内心的情绪;高兴时,女人全身兴奋的能量需要在一首欢快的音乐中得到释放;与恋人久别重逢时,女人可以以一首歌曲表达自己的相思之情；与客户谈生意时，舒缓轻快的音乐可以在女人事业的锦上增添一朵美丽的花。

爱音乐的女人，灵魂被幽幽的短笛招了来，多愁善感。男人多愁善感有点神经质，怪怪的，但女人则是天经地义。这种多愁善感是真实的，她掉下的泪是实在的，总能够感人。我们不喜欢拿眼泪当家常便饭的女人，但情到深处的真情流露，能让我们看到女人或浪漫或脆弱的心思，真真切切感受到一个女人真实的内心世界。

爱音乐的女人是美好的，懂音乐的女人是有内涵的，当你闭上眼睛用心灵聆听那美妙的旋律时，你的感情会跟着节奏起舞，你的灵魂会在跳跃的音符里与歌者交汇。女人可以为音乐发狂、发疯，不能想象，失去了音乐，女人的人生将会变成怎样。

最是迷人那抹"香"

据说好莱坞影星玛丽莲·梦露生前最爱用的就是"夏奈尔5号香水"，并且还说她晚上披着"夏奈尔5号香水"入睡。从古至今，女人一直和香联系在一起。古代的女子常常在衣服上挂一个香袋，让迷人的芬芳萦绕在空气中。而到了近代香水问世以后，它成了时尚界的宠儿，更成为许多女人化妆台上必不可少的一件物品。

女人与香水的关系就象男人和酒一样，无论是演艺界的性感女明星，还是文学界的泰斗，只要是女性，就逃脱不了香水的诱惑。同样，女人香的魅力也诱惑了无数的"好色"男人。作为一个现代女性，你可以少化一点妆，尽量保持自然的本色；你可以少买一支口红，不去刻意追赶幻艳缤纷的潮流，但是你不能没有一瓶香水，不让自己沉浸在和谐舒缓的清新氛围中。

《红楼梦》里宝钗有"冷香丸"，黛玉会"意绵绵静日玉生香"，而在脂粉堆里长大的宝玉，也沾上了几分香泽，他痴痴地说："女人是水做的骨肉"。大师金庸笔下那个小混混韦小宝，凑近他的女孩儿时，时常会说："香一香。"保罗·伯恩自杀时，将他的情人好莱坞明星琼·哈洛最喜欢的娇兰香水浇在自己身上，诀别信中只写着"我爱你"……

香水，让女人将所有的娇羞、畏惧、骄傲、向往都锁进或清淡或浓艳或妩媚的香水芬芳之中，匆匆经过和稍作停留的人都能感受到她想要表达和难以道出的一切。一个女子，在一个月白风清的夜晚，让一阵香气围绕自己，霎时有了一份静谧的心情……仅一滴而已，就可以让女人变得千娇百媚，深情满怀……

现在，越来越多的女性开始懂得利用香水来展现个性的魅力。单一花香味的香水，宜呈现清纯女性的气质；浓郁的东方情调的香水，最适合性感成熟的女性。姬仙蒂婀香水公司总裁马瑞斯·罗杰所说："香气并不仅仅是一种嗅觉体验，香水一如艺术品，有一份情感和渴望包含在其中，它代表着使用者的个性。"

一滴香水，能把女人从"灰姑娘"变成公主，瞬间就能流露出迷人的魅力。女人的美丽及优雅，可以借着曼妙的香气暗暗传送。聪明的女性，在每一种场合，都能恰如其分地利用香味凸显自我的风格，让自己精心挑选的香气，自然展现卓越的品味，流露着无限优雅的气质。

许多时候，我们可能会忘了爱过的人，但爱人身上那抹淡淡的香却一直固执地留在记忆中，直到一个不经意的时刻，被意外地唤醒，才知道一切都已经离我们远去。历史上著名的"香妃"就是因为身上有种与生俱来的独特香味，而获得了大清朝乾隆皇帝的宠幸。杨贵妃经常用玫瑰花洗浴，并且采集清晨花瓣上的露水洒在自己的身上，才让她一直香艳动人，成就了一段佳话，也给后人留下了无数的想象。

香水的特别还在于它可以唤起人们对美好过去的回忆，对各种情感最美妙的体验；香水的美妙，并不一定存在于此时此刻，当一种神秘而缠绵的香味飘来时，你可能就突然想起了某时某刻曾经发生的难忘故事。香水就像电影里的背景音乐一样，能烘托电影的震撼效果，它也能呼应着人的心情，承载人类心底最真的记忆。

美貌是女人的通行证，既可通往天堂，也可通往地狱。但没有女人因为害怕下地狱而情愿选择丑陋的，香水就是女人实现这种欲望的选择。女人一定要用香水为姿态加分，因为醉人的香味并不比华丽的服饰逊色，还能衬托出优雅的女性美，让人感到无限的欢愉。若是你把喜欢的香味轻洒在身上，你就会沉醉在愉悦的气氛之中，迷人的魅力自然就会从内心散发出来。

夏奈尔曾经说过："不用香水的女人没有将来。"香气也可以作为一种强大的武器，如果善加利用，不仅能增加自己的魅力指数，还会为自己带来一个美好的前途。香水，能让自己变得更优雅，更可爱，能带来快乐的恋情、事业的转机。无论什么时候，都要让淡淡的芳香留在你的身上，使自己成为一个有自信、有前途的魅力女人。

女人可以不漂亮，但不可以不美丽，生为女人，没有谁可以气馁，更不能轻言放弃，美是我们作为女人一生的使命，因此，女人对香水永远不能说不。在你要与别人见面之时，就让香味来塑造你的形象吧！当对方再度闻到你喜爱的香味时，即使你并不在场，他的脑海里还是会浮现你的身影。

品酒品茶品女人

古罗马时期，凯撒大帝为讨取埃及艳后克里奥帕特拉的欢心，下令向全国征集上乘葡萄美酒。在元老院里受命的拿戈卢将军，奉命来到亚奎丹省的首邑某贵族的葡萄庄园里收贡，巧遇庄园主的女儿艾米莉，一见钟情。

没过几天，将军回去复命，临行前与艾米莉相誓永远相爱。三个月后，凯撒遇刺身亡，拿戈卢对政治绝望，毅然抛弃爵位，前往艾米莉的庄园。然而，当他回到庄园时，却被告知艾米莉因相思成疾已花落人逝了。按照艾米莉的遗嘱，她被安葬在葡萄园中她第一眼看到拿戈卢的地方。

拿戈卢悲痛欲绝，在艾米莉的坟边盖了一个小木屋，决定终身守护艾米莉。两年后，在艾米莉的坟边，长出了一株葡萄树，用它的葡萄酿出的酒酸涩有度，温婉缠绵，拿戈卢相信这是艾米莉爱的化身。

后来，虽然他的酒被贵族争相收藏，且为他赢得了不少荣耀，但他说他的酒只为爱而生，只有与爱有缘的人才能喝到，而不论贫富贵贱。

一般人都认为，品酒只是男人的事，而女人则经常被告诫不可以喝酒。其实，对于女人来说，约上三五好友，点一瓶上好的红酒小酌两杯，同样是人生的一件快事。谁说女人没有愁，酒同样可以承载女人所有的心事，在一品一咂中让女人忘掉所有的不快，勇敢地面对现实。

女人面对酒的最高境界，不是喝而是品，是让酒"陪"在自己身边，细品慢酌，舒展心绪。酒吧一角斜打过来的灯影里，一曲萨克斯"回家"低诉轻扬，滋润心扉。杯底的一弯暗红，可以品一晚上，化解红颜的忧愁，舒展女性的妩媚，醉了酒吧所有的人，唯独清醒了自己。

男人对喝酒的女人总有一点异样的感觉，有点喜欢又有点怕。关于女人与酒有三句经典话语：一般的女人不喝酒，女人不喝一般的酒，喝酒的女人不一般。古话说"酒能乱性。"而喝酒的女人能够在酒精作用中把握自己，体现一种让男人惊悸的韧性，一种不求别人勇于抗争的傲气。

相对于酒对女人的限制，茶可谓是许多女人的最爱，常饮不但有利于健康，还可以美容瘦身。上班的时候，给自己泡一杯淡淡的绿茶，既能保持一天的好精神，还可以对抗电脑辐射。休息的时候沏上一壶花茶，鲜艳欲滴的花瓣在水里尽情地舒展，光是看着就让我们的心情不知不觉地变得好起来。秋天的时候炖一壶水果茶，酸酸甜甜的味道不仅唇齿留香，还让我们的皮肤水水嫩嫩的。下雪天,为自己沏一杯花香扑鼻的红茶,暖暖的颜色和味道可以让我们暂时忘了天气的寒冷。

品女人就像品茶,不同的女人亦属不同的茶种。碧螺春是水乡处子,西湖龙井则为大家闺秀,祁门香如同西洋女子,乌龙茶则譬如武林巾帼。大文豪苏东坡有一首著名的咏茶诗《次韵曹辅寄壑源试焙新茶》:"仙山灵草湿行云,洗遍香肌粉末匀。明月来投玉川子,清风吹破武陵春。要知冰雪心肠好,不是膏油首面新。戏作小诗君勿笑,从来佳茗似佳人。"将佳茗比喻为佳人,可遇而不可求。可谓将女人品茶的境界推向了极致。

茶越喝越淡,就像女人的感情一样,可能会随时间而越来越淡;茶越喝越淡,但是,用来泡茶水的紫砂壶里的茶香,却会越来越浓……所以当一切都淡去以后,留在女人心底的印记是越来越深。女人的感情就像茶,看似雁过无痕,其实却早已被深深埋藏于心底。

女人品茶,似乎比品酒更能令人接受,《红楼梦》里的妙玉将女人品茶推到极致,对她来说单单品茶用的水就有很多学问。她用的水采于冬天梅花之上的雪,再用青花瓷瓮埋于背阴之处的地下,一直到夏日才取之泡茶。在她看来,品茶是最重要的一件事,是生命的一个部分。

对于妙玉泡茶复杂而繁琐的过程,我们不可能仿效,但对喝茶的一些讲究,还是被大多数人认同的,尤其是女性朋友。闲暇之时,独坐茶楼一隅,欣赏着楼外的美景,品着杯中的香茗,闻一闻,淡淡的清香扑鼻而到,饮一口,微微的苦涩瞬间布满整个舌尖,入喉,甘美随之而到,心境便在这苦尽甘来中趋于宁静。

一个女人若会品茶,自然对生活有感悟;对生活有感悟,自然对情感真诚,对情感真诚,自然对事业热爱;对事业热爱者,自然对人格有恪守。正如茶圣陆羽在《茶经》中所言:"懂茶之人必精行俭德之人"。通过品茶,女人能感悟到人生真谛,一生受用无穷。

一个在酒吧里品酒,或在咖啡馆里品茶的女人,总能轻易地吸引他人的目光，给人一种与众不同的感觉，只要你仔细观察，就能把这个女人看得更清楚，更彻底。伴着酒吧或咖啡馆里灯光的照射，周围忽明忽暗的环境，女人浑身都散发着一种神秘、迷人的气息，令人回味无穷，无限向往。

情趣，女人魅力的修炼秘诀

女人年轻时，容貌是最引人注目的，但人到中年，最吸引人的便是情趣了。一个有文化、有修养、有情趣的女性，其魅力可保持终生。情趣是女人优雅与格调的来源，代表着兴致、志趣、情调和趣味，它是让生活简单快乐的法宝，可以让生命更优雅、更鲜活自在。漂亮是女人的外壳，而情趣则是女人的灵魂。高雅的情趣更能体现女人的漂亮与妩媚，使女人变得万种风情、千娇百媚。

列宁喜欢弈棋，爱因斯坦爱好拉小提琴，朱德爱种兰花，毛泽东喜欢游泳……一般说来，每个人都有自己的生活情趣。良好的生活情趣可以放松紧张的情绪，驱走身心的疲惫，享受生活的美好，陶冶高尚的情操，甚至可以提升人格魅力。

男人并不苛求女人在各个领域都能与自己并驾齐驱，他们渴望的是女人与男人有相同或接近的生命力和情趣。因此，如果"男性的情趣世界"里出现几位女性，她们就会显得尤为珍贵。在鱼市上与丈夫和孩子一起看热带鱼的妻子，足球看台上"万绿丛中一点红"的女性，都会因为富有情趣而得到男人更多的青睐。

清朝蒋坦的妻子秋芙就是一个十分富有情趣的女子。屋梁上的燕巢忽然倾倒了，燕子掉到地上，秋芙害怕小燕子被狗儿叼走，便急忙将小燕子送回巢中，并加固燕巢以防再次出现此事。

一场秋雨将院子里的芭蕉打得残缺不堪,蒋坦看到之后,在芭蕉叶上题字"是谁多事种芭蕉,早也潇潇,晚也潇潇。"秋芙看后,在芭蕉叶上回复,"是君心事太无聊,种了芭蕉,又怨芭蕉。"秋芙的琴艺不错,但是棋艺很烂,但是她自己恰恰比较看重自己的棋艺,从不服软。

秋芙和先生下棋输光了之后,还要最后一搏,下了数十手之后,败绩渐显,秋芙把怀里的小狗放到棋盘上,搅乱棋局。蒋坦大笑,秋芙也红着脸跟着笑。

秋芙未必比闻名遐迩的女诗人更有才华,但她明显更有趣。与这样一位奇女子生活在一起,难怪蒋坦对她疼爱有加呢。女人要让自己更有魅力,就应该变得更有情趣,让生活更加丰富多彩,让自己更加俏皮可爱。

一个女人处处精致固然难得,但在男人眼中却少了那么一点点情趣。其实女人完全可以不必活得那么累,偶尔丢三落四,或者耍个赖,和男人玩些小心眼,只要不违反大的原则,都会给女人平添不少魅力。情趣是制造出来的,只要我们怀着一颗热爱生活的心,就会发现生活中处处趣味盎然。

如果爱人和你在一起的时候大喊无聊,那女人就该小心了。两个人在一起,追求的是就是一份自在和欢愉,如果你不能带给他这种心灵上的享受,那他就很有可能到其他女人身上寻求慰藉。情趣是女人魅力的法宝,可以让女人在青春凋零之后,仍具有令人回味无穷的魅力。留住男人的心,情趣是必不可少的法宝。

有情趣的女人,通常兴趣广泛,或者痴迷于收藏,或者醉心于书画世界,或者对美食充满了兴趣。总之,总有自己独特的爱好。并且将这种爱好发挥到极致。有情趣的女人情感有所寄托,自然不会整天没事找事,而对兴趣的投入让她看起来更有一种别样的味道。

今天,人们的审美情趣在提高,娱乐方式在增多。书法、美术、摄影、舞蹈、垂钓、集邮、健身、收藏等等,五光十色的富有情趣的文化娱乐活动为生活增添了无穷乐趣,也陶冶着人的情操,每个人都不难从中找到属于自己的情趣。

有情趣的女人会将自己的生活打理得有声有色,她绝不会不修边幅,邋遢地出现在男人面前,更不会把家里搞得乱七八糟,让男人找不到坐的地方。她总是会花心思把自己身边的环境收拾得舒舒服服,空气中不管什么时候都弥漫着一股淡淡的香味,卧室里则充满了浪漫的气息,让男人陷入她情趣的包围中无法自拔。

有情趣的女人偶尔也会任性,发点小脾气,毕竟太顺了太安静了也会让人乏味。但是事情过后她不会太计较发生过的事,也不会把过去发生的一些不愉快翻出来数落。有情趣的女人只能是情趣生活的创新者而绝不是陈年老帐的收藏者。

女人的情趣涉及到的内容非常多,大到为人处世,小到穿衣打扮、居家美食,都可以看出一个女人的情趣。有情趣的女人是精致的,但绝不一板一眼地让人乏味,而是时时处处活色生香,让跟她在一起的每一刻都充满了让人愉悦的味道。

情趣是女人精美的包装,也许你并不漂亮,但是你可以具有幽雅的气质,迷人的仪态,高雅的谈吐和充实的生活,就如一盅醇香的酒,一盏清香的茶,品尝过后会留下令人回味无穷的芳香。一杯热茶、一句温情的问候、一个深情的香吻、一个热烈的拥抱,都可以让生活更有情趣,让女人更具魅力。女人,不一定要漂亮,但一定要有情趣。

第 7 章
品位女人，注重细节

真正的品位，体现在细节之处，真正完美的女人，往往是注重细节的女人。一个有品位的女人，不需要特意夸张地装扮自己，也不需要华美的装束衬托自己，而是从细微处入手，打造完美的自己，即使是火眼金睛也看不出一丝败笔。在很大程度上，细节能够成就一个品位女人，也能让女人为形象所做的所有努力在顷刻间化为乌有。

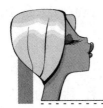

女人话越少,吸引力越足

牛伯伯在山坡上盖了一座房子,生活得很开心。一窝麻雀在牛伯伯的屋檐下筑了窝,养了一群孩子。牛伯伯养了一只大公鸡,红红的冠子,长长的尾巴,很漂亮。

这天,麻雀和公鸡在院子里吵起来了,麻雀说:"话说得多好!"公鸡说:"依我看,还是说话少有好处,不信,我们找牛伯伯评理吧!"

中午,麻雀在牛伯伯的窗户外喊喊喳喳地叫着。牛伯伯说:"真烦人,你们一样吵,害得我午觉睡不好。"第二天早上,太阳还没升起来,公鸡喔喔地叫了起来。牛伯伯听见鸡叫,边忙起床,又挑水又扫院子,忙了起来。牛伯伯对公鸡说:"感谢你叫我起床! 你的话虽然不多,但很有用!"

有时候,话多了会招人烦,而少说话才是别人真正需要的。当你的话过多的时候,别人就会有不舒服的感觉,也就自然而然开始讨厌你了。要做一个招人喜欢的人,就要在适当的时候学会安静,做一个话少的人。

有个嘴笨的男人,娶了一个伶牙俐齿的女人。男人本来很有涵养,却被老婆语言的利剑逼得发了疯似的把拳头挥向玻璃,结果玻璃碎了,他的手也破了。女人当时还是他的老婆,目瞪口呆地看着他血流如注,终于把嘴闭上了。可见,语言有时也是一把刀子。

一位记者在采访著名男歌唱家腾格尔时,问:"你最喜欢女性身上的什么品质?",腾格尔回答:"事儿少、清净。"对男人而言,话少的女人有一种特殊的魅力,可以勾起男人想要了解她的欲望。可以说,女人话少,也是一种智慧。

一个能安静地站在一旁的女人,就像一支含苞欲放的花朵,给人一种舒服、无限向往的感觉。这样的女人像磁石，能够深深吸引周围男士的目光，散发着一种属于女性特有的安静的魅力。

白静大概是公司里话最少的女人了，她不像其他的女人一样热衷于八卦新闻，每次别人说得天花乱坠的时候，她就只是在一旁默默地听着。在女同事看来，她是一个很无趣的人。可是，这样的白静，却是公司里许多男士争相追逐的对象，大家都为了追求她煞费苦心。

很多人都不明白，白静长得并不漂亮，为什么可以吸引这么多男士的目光？一位苦苦追求了白静三年的同事说："我就喜欢她安静的样子，当她一个人的时候，感觉她就是个天使。"

原来，话少的女人这么有魅力啊！

如果沉默是金的话，女人的沉默就是铂金。像王菲那样知道自己嘴笨就不说的是真实的女子，像林青霞、邓丽君那样淡然少语的是大气的女子。女人的智慧、气度、心胸，总能在她安静时可窥一斑。

一个话少的女人，不会在别人说话的时候喋喋不休，她会在一旁默默地倾听，用一双聪慧的眼睛看透别人的烦恼，用一双善于倾听的耳朵听懂他人所有的辛酸。她给人说话的机会，给人一份安静，一种自由，一片心灵的净土。

一个话少的女人，总是清楚地知道人生有很多事情要做，不会把自己有限的时间浪费在无聊的事情上。她们会用更多的时间读书，用知识充实自己；她们会花更多的时间与亲人相处；她们知道如何才能把自己的人生演绎得淋漓尽致。

一个话少的女人，从不轻易透露自己，所以她知道别人的事，但别人却几乎对她一无所知。她就像一个谜，浑身散发着神秘的气息，让人忍不住要去注意，忍不住要去探究。女人的神秘感，像迷药，能把人谜得神魂颠倒，忘乎所以。

当一个喜欢安静的男人和一个话多的女人碰在一起的时候，世界就开始大乱了。男人会想,这个女人怎么这么烦人啊,为什么就不能安静点呢?女人会想,我到底哪里不好,怎么不能引起他丝毫的注意?其实,这女人未必不好,只要她闭上嘴巴,可能男人就会发现她的好,就有想要进一步与她交往的欲望。

女人要想得到幸福,就必须懂得什么时候闭嘴。话说多了总会有错的时候,错了就要出问题的,而少说一些话,在给人一片宁静的同时,也会为自己赢得一点尊敬。优秀的女人都知道,沉默是智慧的极致,少说一点话,你会更具吸引力。

直来直去不是魅力

从前有一个爱说大实话的人,什么事他都照实说,所以他不管到哪,总是被人赶走。这样,他变得一贫如洗,无处栖身。最后,他到了一座修道院,指望着能被收容。修道院长见过他,问明原因以后,认为应该尊重那些"热爱真理,说实话"的人,于是,把他留在修道院里安顿下来。

修道院里有几头牲口已经不中用了,修道院长想把它们卖掉,可是他不敢派手下的人到集市去,怕他们把卖牲口的钱私藏腰包。于是,院长就叫这个人把两头驴和一头骡子牵到集市上去卖。

当有人有意要买这些牲口的时候,这人总是老老实实地说:"尾巴断了的这头驴很懒,喜欢躺在稀泥里,有一次,长工们把它从泥里拽起来,一用劲,拽断了尾巴;这头驴特别倔,一步路也不想走,他们就抽他,因为抽得太多,毛都秃了;这头骡子呢,是又老又瘸,如果干得了活儿,修道院长干吗把它卖掉啊?"

买主们听了这些话都走了,直到晚上,这个人一头牲口也没有卖出去。

于是，这人又把它们赶回了修道院。院长问是怎么回事，这个人将他在集市上的话说了一遍。

修道院长发着火对这人说："朋友，那些把你赶走的人是对的，确实不应该留你这样的人。我虽然喜欢说实话，可是我却不喜欢那些和我的腰包作对的实话。所以，老兄，你滚开吧，你爱上哪儿就上哪儿去吧！"就这样，这个人又从修道院里被赶走了。

诚实固然是一个优点，但太过于直来直去就变成缺点了。每个人都喜欢别人把自己往好里说，但直来直去的女人不懂得圆滑，不知道委婉，常常人家越不爱听什么就越爱说什么，影响了人家赚钱，耽误了人家办事，弄得人家不高兴，最后伤人也伤了自己。

直来直去的女人，有时候说的话真能气死人。你问她自己新买的衣服好不好看，她说你太胖该减肥了；你约她一起吃个饭，她说和你吃饭没意思；你让她对自己的工作提一点意见，她把你批了个一无是处，好像你没有任何可取之处；你说自己挣钱少不够花，她说你真没本事。这样的女人，你敢和她交朋友吗？你会觉得她有魅力吗？

当别人问："你是喜欢直来直去的人，还是喜欢圆滑的人？"大多数人都会毫不犹豫地说自己喜欢直来直去的人，但是，当一个人真的对你说话过于诚实时，相信到时候你又会不乐意了。本质上，人是不喜欢被人批评的，即使知道你是善意，但心里还是很不舒服。所以，要想做个招人喜欢、惹人怜爱的女性，直来直去绝对是大忌。

英国思想家培根说过："交谈时的含蓄与得体，比口若悬河更可贵。"做人固然要正直、直率，但不意味着说话也可以直言不讳，以至于过于唐突或者惹人反感。比如，你家楼上新来了一位音乐家，这位音乐家经常练琴到深夜，影响了你的休息。这时候，你可以告诉他，这楼板的隔音效果很差，对方听了当然能领会你的用意。一个有魅力的女人，深谙说话的艺术，不会因为直来直去而招人厌烦。

那些直来直去的人有时会很委屈地说:"我只是实话实说而已,要不就是骗人了。"其实,在一些小事上根本就不存在骗与不骗的问题,更何况,有时候善意的谎言是必须的,太过老实反而会伤了对方。

女人说话要委婉,直来直去惹麻烦;女人说话要谨慎,祸从口出悔死人;女人要会巧说话,办起事来不费劲。不要以为直来直去就是魅力,在很多时候,它是伤透人心的刽子手,是女人真正的可恨之处。

漂亮的背部为女人增添姿色

林月和男友已经冷战一个多月了,思念渐渐爬满她的心头,她现在该怎么办呢? 要自己在男友面前低头,不可能,高傲的林月从来不干这样的事;可不低头的话,又怎样让男朋友主动和自己和好呢? 林月想来想去,终于想到了一个好办法。

这天,林月穿了一件超性感的衣服来到男友公司门口。性感的衣服,将林月完美的背完全暴露了出来,顿时吸引了众多男士的目光。

男友从公司出来的时候,看到的就是一群男人火热的眼神。这时候,管它是不是冷战,男友急忙把林月拉到一个角落里。

"我说过不准你把背露出来的。"男友气坏了,急忙宣布了自己的所有权。

"我穿成怎样是我的事,你管得着吗?"尽管心里很高兴,但林月可不准备服软。

男友很聪明,一听林月的话就知道她是故意气自己的。说实话,自己也十分喜欢林月,现在女友都来了,自己也应该适可而止了。况且,如果再不哄哄林月,估计她一会又要站在公司门口了,他可不想再看到刚才那一幕了。

"你还在生气啊？是我不对，原谅我好不好？"男友开始认错了。

"你说原谅就原谅啊，我哪有那么好说话？"林月还在假装生气。

"我保证以后再也不惹你生气了，要是再惹你生气，你就打我骂我好不好？"

"我不打你也不骂你，你要再欺负我，我就还像今天这样站在你们公司门口。"林月威胁道。

遇到这样一个女友，男友真的是没辙了，他知道，凭着林月那完美的背，只要站在大街上，准能将许多男人迷得神魂颠倒，看来，自己以后还真不能惹她生气了啊。

有人说"女人的背部是性感之丘"。对男人而言，背部是女人的撩人之处，当一位雍容华贵、身穿露背晚礼服的女人出现在眼前时，她性感诱人的背部必定会令男人万分着迷，有一种想去看的冲动。只可惜，那道诱人的风景被许多女人给遗忘了，她们不注意呵护自己的背部，或将自己迷人的背部在衣服里包裹得严严实实的，白白减去了一分魅力。

背影透露出女人无数的信息，往往令人生出许多遐想和美妙的感觉。有时候，走在大街上，男人压根儿没有见到你的脸，却会为你的背影而心动。拥有漂亮的背部，就能吸引许多男士的目光，使自己成为受人瞩目的对象。

漂亮、性感的背部，从整体印象上来讲要直挺并富有曲线，既要有合适的肉感来展现你的丰满，也要有两片美丽的肩胛骨来凸显你的骨感。具体来讲，女人要秀出自己的美背，至少要具备以下三个重要的条件：

1. 背部骨肉要匀称。背部肉太多太宽了容易给人"虎背熊腰"的感觉，而太瘦了脊椎骨就会露出来，显得瘦骨嶙峋，会被别人称为"白骨精"。完美的背部，骨肉一定要匀称，既不能太饱满，显得背部浑圆，也不可以太瘦。

2. 背部皮肤一定要光滑细腻，有很好的光泽感，毛孔微细，决不能有暗疮疤痕，也不能有太重的汗毛，这样才会给人以美感。

3.与臀部的比例一定要适当,既不能太宽又不能太窄,要能显出腰部的起伏和弯曲,同时线条要紧实优美,让人觉得像一件艺术品。

拥有一个完美的背部是许多女人的梦想,许多女人都在为了这个梦想不停地奋斗着。但性感迷人的背部需要长期的呵护,三天打鱼两天晒网的做法是行不通的。如果你寄希望于化妆那也是不可行的,普通的面孔用几分钟就能被化妆师变得年轻美丽,但没有任何一个化妆师能在几分钟内给予女人一个青春美丽的后背。

女人,要用漂亮的背部为自己增添姿色,要用性感的背部展现自己的美丽,就不能做懒女人,要做一个时时刻刻为你的背部着想的勤劳女生。那女人如何才修炼出完美无瑕的背部呢?

1.起床后,伸个懒腰

早上醒来之后,先不要急着下床,像小猫一样惬意地伸个懒腰,双臂尽量往上举往后拉,振振臂,仰仰头,让上半身的血液循环得到充分地改善。也可以趴在床上,用力地拱拱腰,让腰背的肌肉尽量得到伸展。长此以往,我们的背部会变得非常紧实。

2.勤做家务,背部肌肉更匀称

做家务既可以锻炼身体,还有很好的美背功效。比如我们在晾晒衣服时,尽量将手臂伸直,然后将脚跟抬起,腰背部的肌肉便会得到很大的伸展;而拖地板时,不断地变换姿势,两侧互相交换着拖,这样可以使身体两侧到肩背的肌肉同时得到锻炼,肌肉线条将会变得更加对称均匀。

3.在办公室随时做个扩胸操,既美胸又美背

长时间在椅子上坐着,脂肪会逐渐堆积在腰腹及背部,破坏我们背部的美感,使身体的曲线变得很糟糕。上班时如果觉得肩背酸痛,不妨坐在椅子上身体尽量向后仰,或者伸直胳膊做个扩胸操,这样不但能令背部不再紧绷酸痛,消除肌肉疲劳,还能美胸美背。

修炼纤纤细腰，尽显阴柔女性美

对男人而言，女人的相貌和身材，在最初似乎远比她的智慧和才能更有吸引力。女人身上那个部位最吸引男人的眼球？当然是令他们神魂颠倒的腰部。很多女性为了拥有美腰不惜节食，一掷千金，在她们看来，有了纤纤细腰，就能吸引男士的眼球，就能将自己的阴柔美发挥到极致。

在舞池中，女人的纤纤细腰被男人有力地一搂，吸引就诞生在那瞬间的几秒钟。纤纤细腰，盈盈一搂，纵然是容颜再俏丽的女子，如果上下一般粗细，估计她的美也要大打折扣。美丽的腰身对于全身的作用就犹如善睐的眼眸一般，从来都是点睛之笔。

从前，楚灵王喜欢有纤细腰身的人，身边的妃嫔和臣子们唯恐自己腰肥体胖，不招灵王喜欢，不敢多吃饭，把一日三餐减为一餐。每天起床整装，先屏住呼吸，把腰带束紧，然后扶着墙壁站起来……后世所谓"楚王好细腰，宫中多饿死"说的正是这个故事。

汉成帝刘骜最宠幸的皇后赵飞燕，舞姿轻盈如燕飞凤舞，故人们称其为"飞燕"。《赵飞燕别传》中有这样的描述："赵后腰骨尤纤细，善踽步行，若人手执花枝颤颤然，他人莫可学也。"赵飞燕的纤纤细腰，将她的舞姿和美貌发挥到了极致，据说，每当汉成帝搂着赵飞燕的细腰时，对她的怜爱就会不由地增加几分。

据称，关于女性身体各个部位在文学作品中的"曝光率"，美国得克萨斯大学和哈佛大学的科学家曾做过一项有趣的调查。他们对近三个世纪的英语文学和近两千年的亚洲古典文学作品进行了全面的检索。最后惊奇地发现，无论是在哪个国家，还是历史处于哪个时期，女人的杨柳细腰从来都是被人们大肆赞美的身体部位,"曝光率"高居榜首。可见,纤纤细腰对女人来说有多么重要。

"纤纤细腰,风情万种;曼妙腰身,婀娜多姿。"宛如小提琴轮廓的腰部曲线,是女人性感的中心,从任何角度来看,都有着不可思议的曲线美,它能给男人有一把拥住的激情和深陷其中的诱惑。优美的腰要粗细适中,长短得当,才能体现女性身材的黄金比例;而柔韧灵活、圆润紧致的腰线,则是女性柔美的象征。女性的阴柔之美,尽在纤纤细腰的轻轻摇摆当中。

傲人的身姿,是女孩子永远追求的目标。纤纤细腰,令无数英雄竞折腰,如何也让自己拥有性感的小蛮腰? 这里有瘦腰的一些秘籍,不妨来看看吧!

1. 饮食习惯要注意

要想接近"楚腰纤细掌中轻"的状态的话,饮食时的取舍其实很重要。最佳的饮料是水,水不含卡路里,容易让人产生饱胀感,有助于控制饮食。饮凉水时,要用肠胃来暖凉水,这可以帮助燃烧体内的卡路里;最佳的食品是豆类和浆果类,高纤维的食品不仅可以使人感到饱胀,还能帮助控制饮食,同时也可以防止便秘,使腹部不至显得过大。

2. 美腰在于运动

对于女人来讲,最好的瘦腰运动当然是瑜伽。在瑜伽不断伸展与收紧的体式中,腰部肌肉处于紧张状态,这种状态可以很好地使腰部得到锻炼,有效地去除腰部赘肉。

其实,上班族的美眉们也可以利用上班休息的时间,在忙里偷闲中做这些瘦腰瑜伽,做完之后,疲劳会被身体的舒畅与轻松代替,何乐而不为呢?

3. 从着装修饰腰身

穿衣要扬长避短,如肩颈曲线优美的女孩子可大胆穿吊带衫,相反,则不要轻易尝试露脐装;注意颜色搭配,同色系服饰能起到拉长身体的效果;巧用装饰物,用耳环、丝巾、墨镜等把别人的注意力分散到你身体的其他部位;高跟鞋能让肢体挺拔,延伸腿部,走起路来婀娜多姿,造成腰部纤细的假象。

不要让颈部细纹出卖你的年龄

瞥见一个绝对漂亮的封面美女,很漂亮的一张脸。可是,在看第二眼的时候,却又觉得忽然有个东西很刺眼——是颈纹,年轻美女脖子上竟然有颈纹?

女人通身上下,最先出现老化现象的部位就是脖子,即便再年轻的女人,如果光照顾好面部而忽略了脖子的护理和保健,"老化"的表情依然会毫不留情地昭告天下你有多少岁。就像数数年轮就能知道大树有几岁,数数女人脖子上的颈纹也就知道了这个女人"老化"到什么程度了。

高欣是个很注重外表的女孩子,为了呈现自己最完美的一面,她经常到美容院做面部护理,到健身房健身。明明已经25岁了,可看起来却和20岁的小女生一样。每次和陌生人见面的时候,她总是喜欢让别人猜自己的年龄,因为对方总是猜的比自己的实际年龄小很多,这令她十分高兴。

在一次晚会上,朋友介绍了一位男士给高欣认识,高欣照例让他猜自己的年龄,可是对方却很准确的猜出高欣的年龄。高欣很吃惊,问这位男士怎么猜出自己的年龄的,那位男士很爽快的回答:"当然是看你颈部的细纹啊,看女人的年龄,看颈部细纹最准了。"

想不到,高欣在自己的形象上这样煞费苦心,竟还是忘了颈部这个十分重要的部位,看来她还需要好好加油啊。

颈部的皱纹通常从十几岁时便开始出现,这种皱纹通常不明显,叫做初期老化的皱纹。另一种皱纹则是随着年龄的增长而加深，就像年轮一样，清清楚楚地记载着我们的年龄，把我们轻易地出卖。尤其是如果我们平时坐姿比较"固定"，又缺乏锻炼，导致体重急剧增加，皱纹更会提早现身，破坏我们的美丽。

颈部的保养常常被绝大多数的女人所忽略，只是在护理脸部的时候，才顺便把极少量的护肤品涂在颈部。所以，尽管我们的脸蛋看起来光滑细嫩，但是颈部由于缺乏保养，出现了一道道纹路，它同样会将我们年龄的秘密泄露给别人。想要让自己全身上下都充满青春活力，颈部的保养一定要重视。

其实，颈部出现皱纹的时间绝对比眼纹早，并且一旦出现，还会比眼纹更深、更引人注目！颈部一旦产生皱纹后，会随着年龄的增加而加深，它不仅无法掩饰，而且要想恢复到皱纹出现以前的那种弹性几乎是不可能的。发现后再弥补，已经晚了，颈部护理预防胜于治，下面是一些护理颈部的好方法。

1. 养成良好的生活习惯

由内而外的美丽才是最好的，颈部的保养也一样。养成良好的生活习惯才不会让我们辛辛苦苦的保养和护理工作功亏一篑。很多美女睡觉的时候都喜欢枕着高枕头，认为高枕无忧，殊不知这样睡觉，最容易让我们美丽的颈部出现皱纹了。还有，不要长时间地含胸低头，这样也容易导致我们的颈部过早地出现皱纹。另外，在卸妆的时候仔细认真一点把妆卸干净，并且把界线稍稍拓宽一些，然后用冰块给颈部做一个冷敷，会减少颈部的细纹。

2. 加强颈部保养

最好选用专业的颈霜来护理颈部，涂的时候薄薄地涂一层就可以了，不要涂得太厚，因为颈部皮肤很容易松弛，涂厚了会加深纹路。另外，还要注意轻轻按摩，手法尽量温柔一点，否则会产生相反的效果。

3. 常做颈部操

颈部操，对长时间坐着的白领女性来说，不但可以消除颈部的疲劳感，还能美化颈部,使皮肤极富弹性。

第一步,前、后、左、右的交替转动脖子,向前使头部挨到胸部,向后也要让头与地面平行;左右转动时要尽量拉伸颈部肌肉。第二步,头部从左向右打圈式转动,然后从右向左重复做一遍。这个操对于缓解颈部的疼痛很有帮助。第三步,双手手心向上,交替从锁骨处向下巴处轻拉,也就是俗称的"捋脖子"。这样可以避免颈部肌肤因为地心引力出现下坠的情况。

如果你现在已经是剩女了,如果你的年龄现在已经是秘密了,那就不要忽视任何细小的部位,切不可让自己所有的努力,因为颈部这个环节功亏一篑。我们不可能一年四季都穿着高领的服装,掩盖那些日益增长的细纹。要让颈部细纹保守你的秘密,你就得在它身上下一番功夫,让它永远散发青春的光彩。

第 8 章

从最简单入手，做精致女人

精致的女人，拥一份从容、自信，执一份淡泊、清明，掬一腔似水柔情，这种女人，是女人的榜样，是男人梦中的情人。但精致不是上流社会女性的专利，不是普通少女可望而不及的水中月，雾中花，即使没有名牌护肤品的呵护，高档餐厅的出入，诱惑香水的气息，只要有心，女人也可以简简单单做到精致。

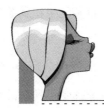

多给膝关节加点"润滑油"

在生活中,很多女性朋友在走路的时候,常常会感觉一边腿的膝关节酸软无力,尤其在上楼的时候表现得最为明显,刚上了两层,就觉得腿酸得走不动了,而且骨头里面还"喀、喀"地响,坐久了突然站起来也会出现这种情况,或者双腿酸麻不堪,失去了知觉,走不了路,或者膝关节部位非常疼痛。

出现这种情况以后,很多人都认为是缺钙、营养不良的症状,更有些人认为不妨碍正常的活动,根本不当一回事。其实出现这种情况,很有可能是我们患了髌骨软化症。而且一旦患上髌骨软化症,如果在早期不加以治疗和控制,将会引起进一步的病变。

在人体所有的关节中,膝关节任务最为繁重,而且营养又跟不上,所以导致膝关节劳损和运动伤发病率居高不下。有人甚至"恐怖"地说,我们的膝关节只有15年左右的"好光阴",其它的时间里,都会因为各种各样的原因而出现不同类型的疼痛。

第一阶段:

在15岁之前,我们的膝关节还处于发育阶段,痛多发生在膝关节周围。

第二阶段:

在15岁到30岁之间,我们的膝关节处于状态最好的阶段,运动起来简直不知疲倦。只要小心不损害到膝关节组织,根本都感受不到它的存在。

第三阶段:

在30岁到40岁,由于运动频繁,髌骨软骨产生了早期轻度磨损,会出现短期的膝关节酸痛,时间一般持续几个星期到几个月,有的人可能还会觉察不到。从这个时候开始，女性就一定要注意爱护自己的膝关节了，对它的使用再不能随心所欲了。

第四阶段：

在40岁到50岁之间，膝关节会变得极度地脆弱，尤其是在走远路或者上楼下楼之后，膝关节内侧很容易出现酸痛，用手轻揉之后症状会有所缓解，但一定要注意保护，否则病情会加重。

人体关节就好比是精密机械的轴承，使用几十年后，会发生老化，往关节内加些"润滑油"，会让关节活动得更灵活，让腿脚迈动得更有力。保护好自己的膝盖，女性才能有一双矫健的双腿助自己走向大江南北，走过千山万水。要使膝盖得到最好的呵护，就要先了解自己膝盖的状况。

平躺于床上，用手的虎口对准膝盖上延，抔住，保证膝盖不能前后移动，然后大腿用力，如果感觉到明显疼痛就是膝盖内软组织损伤了，如果疼痛剧烈，就是软组织老化了。根据自己膝盖的实际情况，女性朋友可以有针对性地加以预防或治疗，让膝盖时刻处于最佳状态。

要保护好膝盖，就要在适当的时候给它加点"润滑油"，让它时刻都能正常运转。那女性如何给自己的膝盖加"油"，才能延长膝盖的健康周期呢？下面是一些保护膝关节的方法。

1.培养健康的生活习惯

很多女性一年四季喜欢穿裙子，不管是在寒冷的天气，还是在冷气房里，都一身清凉打扮，显得"美丽冻人"。结果长此以往，造成腿部血液循环不畅，经常腿疼或者腿酸。还有些女性喜欢一年四季穿高跟鞋，脚掌始终处于前倾的状态，膝关节一天到晚都强拉着，加快了韧带的老化，不知不觉伤害了我们的膝关节。

其实，培养健康的习惯就是对膝关节最大的爱护。喜欢穿高跟鞋的女性一天至少要换三次鞋，可以再准备一双平底鞋，在上下班途中穿着，或者在办公室里足部感到很疲劳的时候换上穿。

2.加强对膝关节的锻炼

如早上起来慢跑,或者做一做健身操,都可以有效地锻炼我们的膝关节,加快膝盖周围脂肪的燃烧。不少女性就是由于长期缺乏锻炼,从而使脂肪积聚在膝盖部位、形成了赘肉,使本来线条优美的膝盖显得浑圆臃肿不堪,像一个馒头一样,不但有碍健康,还妨碍了我们的美丽。

鉴于游泳在女性美腿美膝方面立竿见影的效果,许多健身专家发出倡议,提议白领女性在工作之余多游泳,加强对自己膝关节的锻炼,远离腿部疾病的侵害。在所有的游泳姿势中,蛙泳最为人所推崇,因为它的效果最为快速明显。

现在,大部分女性在年老时都遇到了腿脚不便的难题,这给他们的老年生活带来了很大的困扰。我们谁都不希望自己年老的时候,连出门都需要有人搀扶。女人最大的美丽在于健康,一个腿脚不便的老人,生活只是负担,没有精彩。现在给你的膝关节加点"润滑油",你会从中受益,使自己的老年生活更具尊严,更具魅力。

想当美女别趴着睡

每个人都想当美女,都希望自己的容貌能够得到他人的赞美。为了美丽,女人可以付出任何代价,所以,她们总是乐此不疲地谈论着各种美容秘方;所以,即使每月在美容院的消费可以花掉她们一半的工资,女人的身影还是会频频出现在那里。

众所周知,睡眠是美女必不可少的一剂补药,保持良好的睡眠,可以使你轻而易举地做个睡美人。但是,你是否知道,如果睡姿不正确,你的美丽可能就会受到一些小小的威胁了。

林爽是个典型的"睡眠美容"的倡导者，每天都会坚持 8 小时以上的睡眠时间。可是，这样的美容方法虽然有些效果，但却不如身边的女生效果明显，她认为这与个人体质有关系。后来，林爽向朋友抱怨自己体质不适合"睡眠美容"，朋友却笑嘻嘻地说："你是不是晚上睡觉习惯趴着睡啊？"

"是啊，你怎么知道？"林爽很吃惊地问道。

"你知不知道现在很流行'想当美女千万别趴着睡'这句话啊？趴着睡觉是不利于美容的。"朋友有点受不了林爽的孤陋寡闻。

"那我是不是要改变一下睡觉姿势？可我一直都这样睡觉，换个姿势我会睡不着的。"林爽觉得换个姿势有点为难。

"为了美，你就坚持一下吧，以后习惯了就行了。"朋友劝道。

"那好吧。"为了做美女，林爽决定以后再不趴着睡了。

许多美容专家都把"绝对不趴着睡觉"当成非常重要的一条美容秘诀。化妆品的效果会因个体的差异受到不同程度的影响，长期使用还有依赖性，让女人对美丽变得渴望而不可求。而不趴着睡觉既对我们的健康有利，还便于执行，只要在睡觉的时候轻松地变换姿势，就可以远离皱纹的烦恼，因此应该大力提倡。

趴着睡觉会使身体的某些肌肉群、汗腺、皮肤处于紧张状态，使身体不能得到彻底放松，近而影响了美容效果。而且，趴着睡觉会导致身体的某些部分血液循环受阻，神经传导受影响；对脸部的挤压会让你的脸部起皱纹等，这些统统都是女性美容的大敌。所以，女人想做美女的话，就千万不能趴着睡觉。

根据的皮肤的工作规律，白天当我们忙的时候，它也在忙着排泄毛孔内的代谢废物，而当晚上 10 点至 11 点我们进入睡眠状态后，它则开始了一系列的保养修护工作，保证我们的皮肤一直处于正常状态。所以女人想要远离皮肤问题，一定要保证充足的睡眠，千万不要熬夜，给皮肤足够的修护时间。同时，注意一下自己的睡姿，即使不用化妆品，也不用担心脸上会出现皱纹。

最新研究成果表明,仰面睡觉是对美容最好的睡觉姿势。女人与其花费大量的时间和精力,做美容祛皱保养娇嫩的皮肤,倒不如听取美容专家的建议,保持正确的睡觉姿势,轻轻松松做个睡美人,让自己不知不觉变得年轻又漂亮。美容专家认为,当我们仰躺着睡觉时,面部肌肉是完全松弛的,不用担心任何挤压,而且因为地心引力的作用,我们的皮肤还会变得更光滑紧实。而侧着或趴着睡觉,会让面部皮肤受到挤压,皱纹自然而然也就生成了。

人在仰面睡觉时,身体各个部位的器官处于彻底放松的状态,充分休息之后可使身体美容器官更好地工作。此外,皮肤的营养靠血液循环供给,所以凡是血液循环好的人,皮肤一般都会好,面部美容的手法就是促进脸部的血液循环。仰睡还是一种最没有压迫感的睡觉姿势,可促进血液循环,是健康的美容方式。

也许,你习惯趴着睡,认为那是你最舒服的睡觉姿势;也许,你不喜欢仰面睡觉,认为那会成为你安然入睡的障碍。可是,习惯成自然,睡觉也是一种习惯,当你习惯了仰面睡觉的时候,它就会成为你最舒服的一种睡觉姿势,也会成为你美丽容颜的好朋友。不要还没有尝试,就认为自己做不到。

在某些女人的眼里,恋爱与睡眠其实是十分相似的事情,都是"一种温暖而散漫的行为"。而对于女人而言,美容觉也是一个十分重要的保养过程。要想在睡觉中使自己的容颜得到最好的呵护,那就从现在开始,拒绝趴着睡的不良睡姿,修习高段位的美容觉,做个令王子神魂颠倒的睡美人吧。

脸部护理有妙招

早晨起来照镜子，毛孔粗大，雀斑，粉刺……看着自己"千疮百孔"的脸，一天美好的心情立刻沉入谷底。女人天生是爱美的，为了能有一张迷倒众生的精致脸孔，她们不惜下血本在美容院一掷千金，为实现自己天使般脸庞的梦想不断努力着。

打造一张完美的脸，美容院确实能为你提供不少便利，可离开了那里，你知道怎样保护自己的脸吗？你知道那些简单却蕴含着大学问的脸部护理妙招吗？

护理脸部肌肤，洗脸是第一步。我们天天都在洗脸，可绝大多数人都不得要领，甚至可以说不会洗脸。黑头和痘痘等问题皮肤除了与我们的内分泌有关，还跟洗脸不彻底有很大的关系。方法不正确，就算我们用再昂贵的化妆品，一样达不到清洁皮肤的作用，而且还可能会损伤皮肤，加剧皮肤老化的进程。那么，怎样洗脸才是正确的呢？

第一步：先把手彻底地洗干净，再用温水湿润脸部。洗脸水的水温非常重要，太凉了不能使毛孔充分张开，脸也就洗不干净；太热了又容易使皮肤的天然保湿油分过分地丢失，使皮肤失去天然的保护屏障，容易受到外界环境的污染。

第二步：把洁面乳倒在手心，充分打起泡沫后，然后再在轻轻地在脸上打圈。如果洁面乳起泡不充分，不仅达不到清洁的效果，还会残留在毛孔里面引起青春痘等皮肤问题。

第三步：轻轻用双手在脸上按摩15下。注意要轻轻地打圈按摩，让泡沫遍布整个面部，按摩的时候不要太过于用力，以免面部产生皱纹，损害我们的美丽。

第四步:用清水将洁面乳清洗干净之后,再用干净的毛巾轻轻地把脸上的水吸干。切忌像擦桌子一样在脸上用力地抹来抹去,正确的方法是把毛巾按在脸上,然后轻轻把水分吸干。

第五步:检查发际周围。清洗完毕之后,要对着镜子照一照,仔细地检查一下发际周围有没有残留的洁面乳。有些女性朋友发际周围经常长痘痘,其实这很可能就是没有冲洗干净的洁面乳造成的,所以,女性朋友千万不要忽略了这一步。

在清洁过后,必要的护肤水、营养水、爽肤水、收缩水以及膏霜类护肤品对于女性皮肤的保养也是非常必要的。它们对于平衡皮肤的酸碱度,收缩毛孔,补充皮肤的营养和水分,增加皮肤的抵抗力,减缓皮肤的色素沉着有着不可小看的作用。

护肤品的使用顺序由其成分的分子大小决定,分子越小的越先使用,顺序依次为水、精华液、凝胶、乳液、乳霜、霜状护肤品,然后才是油性护肤品。因为越是偏向霜状的产品,其滋润度越高,会在肌肤外层形成一层保护膜。如果你先使用滋润度高的面霜,它在肌肤表层先形成了一层保护膜,后来使用的小分子精华液便无法渗透皮肤发挥功效。

法国著名的护肤专家伊芙·罗姆说:"彻底清洁皮肤,彻底地卸妆,绝对是美容的根本。"经历了一天的疲劳之后,女性的肌肤也应该像人体一样得到充足的休息,这时候,卸妆就是必不可少的环节。卸妆不是简单地洗洗脸就可以了,错误的卸妆步骤可能使化妆品残留,对皮肤造成伤害,而且还会造成二次污染。那怎样卸妆才能更好的呵护肌肤呢?

第一步,先将睫毛膏卸除干净。睫毛膏是所有的妆容里面最难卸的,特别是有些女性喜欢用防水型的睫毛膏,那卸起来就会更麻烦。先用两片化妆棉蘸取适量的卸妆产品轻敷在眼皮上几秒钟,让睫毛膏慢慢地溶解,等睫毛膏彻底溶解之后,再从内向外地卸除睫毛膏。

第二步,卸去眼影和眼线。先将化妆棉垫在下眼睑处,再取一个沾有卸妆产品的化妆棉轻柔地在眼睛周围横向揉搓,然后取一个沾有卸妆产品的棉棒,卸去眼角等处的眼影和眼线残留物。一定要注意将眼睛周围的彩妆卸干净,否则会造成色素沉淀,在眼睛周围形成斑点。

第三步,中指和无名指在额头轻抹。从额头开始清洁全脸,用卸妆乳在额头,鼻子,两颊,下巴处点上,用中指和无名指在额头处向外均匀抹开卸妆乳。

第四步,用指尖在鼻翼处打圈搓揉。沿着鼻梁开始用指尖打小圈搓揉,清洁油脂分泌旺盛的鼻部。

第五步,从内到外清洁两颊。用中指和无名指从鼻翼处开始打圈到耳中部分,从嘴角到耳后打圈清洁。

第六步,彻底清洗。卸完妆之后,脸部可能还有一些残留物,这时再用洗面奶清洗一次,可以达到彻底卸状的目的。

也许会有些女人说,这些步骤太繁琐了。习惯成自然,这其实就是几个动作的事情,十分简单,只是要你将这些融入到自己的生活中。如果你能够一直坚持正确的护理脸部的方法,也许不用去美容院浪费时间,你自己也可以打造完美无瑕的脸庞,轻轻松松做个美女呢。

怎样才能避免"妈妈手"

女人的手是女人的第二张脸,即使一个女人把脸保养得再好,若是伸出手时,手部皮肤干裂粗糙,那这个女人必定是常做苦活儿的,还不懂得好好保养自己。一双漂亮的手,必定是细嫩白滑,柔若无骨的。形容女人手的美丽的词语很多,如纤纤玉手、白若葱尖……

每个女人都希望自己能有一双纤纤玉手,都希望被心爱的人握紧时能给他柔滑细腻的感觉。对于那些对手有美好幻想的女人来说,"妈妈手"无疑就是她们的天敌。

23岁的薛雅是个网络编辑,每天上班都要对着电脑敲敲打打,回家也爱打电子游戏,一到周末还经常打通宵。有时从电脑旁起身,一伸手一握拳,她的手指便会"咔咔"作响。老妈经常唠叨要她注意身体,可她只当自己一时用劲过度,并没太在意。

直到上周末,打完了一个通宵的游戏之后,薛雅突然觉得拇指伸不直,一用力还痛。第二天起床后,她甚至发现拇指硬硬的有点不听使唤,这才不敢大意,去医院一检查,结果患上了"妈妈手"。

薛雅很吃惊,她也听过"妈妈手",可是在她的印象里,这种病只有岁数大一点的女性才会得啊,她还没有结婚,怎么得"妈妈手"呢?

医生告诉她,这种病以往都是干手指活的中老年人,特别是妈妈们才常见。可现在,年轻白领患者的数量也有逐年增多的趋势。

"妈妈手"的学名叫"慢性手部湿疹",多发于手部,特别是指腹部位。发病时手部会产生红、痒、脱皮的现象,非常难受。如果治疗不当,反复发作,患处会慢慢形成角质增厚、指纹不明显并有纵纹的情形。这时候虽然手并不会感到特别痒,但一到冬季气温特别低的时候。角质层厚的部位会产生龟裂、流血,不能沾水和清洁剂,既不方便,又很痛苦。

"慈母手中线,游子身上衣"。记忆中,妈妈的手总是不停地忙这忙那,从来没有闲的时候。也因为过于忙碌,妈妈的手过早地失去了光滑柔嫩,变得粗糙不堪,有些扎人。发病人群多为家庭主妇。

其实"妈妈手"并不是家庭主妇的专利。只不过因为做家务比较多的关系,有些女性比平常人更容易接触到大量的水和清洁剂,比如刚生完宝宝的妈妈,需要频繁地洗奶瓶、洗衣服,就容易产生这个棘手的问题,其他一些行业的人,例如美发业者、餐饮业者,甚至不接触水和清洁剂,而成天被电脑、手机、MP3包围的年轻人，因为经常重复同一个动作，"妈妈手"也容易找上门。

另外，气温变化也是催生"妈妈手"的一个诱因。尤其是冬天气温非常低，如果我们在洗完手之后不及时擦护手霜，皮肤就会很快变得很干燥，不但会脱皮，严重的还会裂开一道一道的小口，让人疼痛难忍。长期在空调房里工作的白领即使在夏天，也会容易患上"妈妈手"，因为人体长时间处于低温下，血管会收缩，局部的供血也会减少，造成全身血流不畅通，长此以往会引发肌肉痉挛，再加上一直重复一个动作，关节更容易发生炎症。

此外，妈妈手一般分为急性与慢性两种，发生于一周之内的患者，比较容易治疗，且可以快速地缓解发炎状况。但对于慢性患者来说，拖延太久肌腱周边有可能已经产生器质性变化。所以，年轻人一旦发现手指不灵活时，应适当休息并及早就医，千万别等到出现明显的损伤，再彻底病休。

每个女孩都不想和"妈妈手"扯上任何关系，要避免"妈妈手"，最重要的是日常防护和保养。做好预防的万全准备，可采取以下具体措施：

1. 做手工活，尤其是织毛衣或者绣十字绣的时候，要注意劳逸结合，可以适当地做一些手指操，加强手的运动锻炼，这样不但有助于消除疲劳，还能避免关节疼痛。

2. 将需要碰水的家务活集中在一起做，在做家务时尽量戴防水手套，或者用热水，不要冷热交替，更不要分段，以免让手部反复处于"干湿或者冷热"的循环中，这样对手部的伤害将会更大。

3. 只要一碰过水，就要马上涂护手霜。一定要加强防护、增强手部的抵抗力。夏天可以选择相对清爽一些的护手霜，放在办公室或者家里，不要忘了擦。冬天要选择滋养性好的护手霜，多备几瓶，放在办公室或者家里不同的位置，随时随地为自己的手部补充营养。在睡觉前，先将双手涂上一层厚厚的护手霜，然后戴一双棉质手套，或者用保鲜膜包起来，这样，第二天早上起来，我们的手就会变得又滑又嫩。

4.任何一个姿势都不要保持时间过长,要经常变换姿势,还要适当休息和减少用力,千万别在长年累月不知不觉中,让自己的手关节累出病来。

"冷女人"脸上易长斑

好像所有的女孩小时候都有一个梦想,就是成为高层写字楼里面的一员,才貌出众,光鲜靓丽。可是当她们努力迈进大厦的那一刻起,斑点也开始慢慢的浮现在这些曾经如此靓丽的女人脸上。

色斑,女人美丽的大敌,早晨起来照镜子,一张长满色斑的脸,令许多女士的心凉了半截。很多女性都知道,强烈的灯光刺激、电脑辐射、工作压力是女人长斑的罪魁祸首,但实际上,还有一些你不曾注意的地方,也是诱发色斑不可忽视的原因。

不知道怎么回事,今年春天,陈娜平时光滑干净的脸部竟长了许多小斑点,这可把爱美的她吓坏了,买了一大堆祛斑产品,却一点效果都没有,后来,陈娜决定去到医院的皮肤科进行了检查。

陈娜一股脑将自己的烦恼告诉了医生,希望医生能帮自己重拾往昔美丽的容颜。医生给陈娜检查之后,得出来的结论却令她大出意外,原来,长斑是因为平时穿衣服太少了。

经过医生的仔细解释之后,陈娜终于明白了一个大多数女性都不知道的问题:女人冬天受冷很容易引发脸上的色斑。后来,医生给陈娜开了一些药,并叮嘱她平时应该注意的保暖事宜。

从医院回来后,陈娜不停地告诫自己身边爱美的女性要注意保暖,很多人听了她的话后也吃了一惊,大家都没想到,爱美竟成了毁掉自己美丽容颜的刽子手。

依照医生的嘱托，陈娜再也不做"冷女人"了，温暖的身体加上医生的处方，她脸上的色斑现在已经有了好转的趋势。

冬天还没过去，我们就可以在城市的街头上看到许多"美丽冻人"的年轻女性，她们穿着短裙，露着腿、腰等部位，自认为这是最美的打扮方式。为了美丽，即使冻得瑟瑟发抖，她们也不肯再加一件外衣。女人的容貌要想水润通透，就要求体内气血也能够通畅。冷天里穿着太清凉，身体的血液就容易淤滞，长期如此，脸上就长斑了，脸色自然也不好。医生表示，不注意保暖会导致女性手脚冰凉，血行不畅，近而导致面部长斑。

爱美是女人的天性，每个女人都希望自己能有一张完美无瑕的漂亮脸蛋，可是，她们宁可上美容院，将大把大把的银子往里扔，也不肯从根源上保持自己的青春靓丽，这真的是得不偿失的做法。

女人要想成为爱美的专家，就要了解方方面面的知识，切不可只从自己的主观想象出发，只追求表面上的美丽。这种盲目爱美的方式有可能会成为你美丽的杀手。如果你不想让色斑在自己的脸上安家，就从现在开始，注重保暖，让冬天不再寒冷，让色斑不再出现。

此外，血行不畅还会带来很多的妇科疾病。有统计证明，天气转凉以后，妇科病患者数量会上升30%以上，这都是冻出来的结果。注重保暖，不仅是永葆美丽容颜的重要秘诀，还是女性健康的重要措施。女人要懂得爱惜自己，不要让自己在寒冷的天气中失去了美丽和健康。那女性注重保暖的措施有哪些呢？

1. 多穿衣服

天冷时记得加衣服，围巾、口罩、卫生衣、背心、手套、袜子等，都是你达到保暖效果的最有效武器。其实，只要会穿，这些不仅不会遮住你的美丽，反而还会给你增添另一番韵味。

2. 良好的饮食习惯

初春要特别注意养阴护阳，多喝莲子粥、枸杞粥、牛奶粥以及八宝粥等。

还要适当补食牛、羊、狗肉,这些不仅有补阳滋阴、温补血气、增强体质和抵抗力的作用,还可以达到润泽脏腑、养颜护肤的效果。

3.多做运动

有一种甩手运动,是不错的健康方法:两脚分开,与肩同宽,左右肩轻松自然,双手自然下垂,然后向前伸与肩同高,再用力向后甩去。开始先甩手20~50次即可,以后逐渐增加次数,一般每回可做100~200次。也可自行找寻适合的运动,一周至少四次,每次三十分钟即可。

女人爱美,就要用对方式方法;女人爱美,就要爱惜自己的身体。美丽,不是化妆品遮盖出来的,再多的化妆品也无法将色斑从你的脸上消除,与其天天对着脸上的色斑唉声叹气,还不如之前就小心呵护自己的身体,让色斑永远对你提不起任何兴趣,让自己的脸永远干净透明,给人无限遐想。

第 9 章

饮食：女人魅力的私房秘密

人的一生，离不开饮食。有些女人，吃喝纯粹是为了不至于忍饥挨饿；有些女人，在满足温饱之后，开始在饮食上下工夫，从中寻找魅力的根源。饮食是生命的根本，是生命的动力，合理饮食，女性魅力就有了由内至外的保证。深谙饮食与魅力关系的女性，能把饮食当作自己的私人美容师，时时刻刻呵护自己的美丽。

良好的饮食是女人的魅力之源

每个女人都想成为男人中的焦点女人,当所有羡慕、欣赏、惊艳的目光都聚集到自己身上,那是怎样一种感觉呢? 要成为最具魅力的万人迷,良好的饮食可以助你一臂之力。

宋美龄作为蒋介石的夫人,不同的人对她的评价褒贬不一,但这位跨越了3个世纪的传奇女性无疑是魅力女人的代表。其魅力与她良好的饮食习惯有很大的关系。

宋美龄的饮食多以清淡为主。早餐是一杯牛奶、两片土司、一点黄油,外加一碟盐水浸过的芹菜之类的蔬菜;午餐为一盘生菜沙拉、半碗米饭,少量的汤;晚饭乃为半碗米饭,两荤两素的小菜。

宋美龄几乎每天都会用磅秤称自己的体重,只要发现自己的体重稍微重了些,她的菜单马上随之更改,变成青菜沙拉之类的食物,没有任何荤物。如果体重跌到她的正常标准以下的话,她有时会多吃一块牛排。

在食谱方面,宋美龄讲求的是精致,所以,在宋美龄的厨房里,都是按少量、新鲜的原则配置食物。即便是这样,宋美龄为了保持苗条的身材,仍旧吃得很少。因为饮食控制得很好,热量比较平衡,所以她的体重一直保持在合理的状态下。

宋美龄的代谢指数不是很高,这样动脉硬化的程度相对来说就小得多,重要器官如心、脑、肾的功能得以被悉心保护,血管系统因年龄受损程度低。据说,宋氏家族是高癌家族,但得益于良好的饮食,宋美龄活到了106岁的高龄。

宋美龄作为中国历史上最有魅力的女人之一,以自己一生实践的经验为天下所有爱美的女性上了生动的一课。只要是女人，就想做个令人回味无穷的魅力女人，做魅力女人，饮食是必不可少的美丽功课。

《红楼梦》有言："女人是水做的"。人体组织液里含水量达72%，成年人体内含水量为58%～67%。当人体水分减少时皮肤自然会干燥，皮脂腺分泌也会减少，从而使皮肤失去弹性甚至出现皱纹。为了使肌肤永葆水嫩的感觉，女人每天的饮水量应为1200毫升左右。

最好是饮用白开水。早上空腹喝一杯温热的白开水，可以有效地帮助我们清除肠道内的垃圾，使我们的小腹平坦紧实。也可以在白开水里面加一点点盐，同样可以达到补充身体水分的作用。如果不喜欢喝白开水，也可以用新鲜的果汁或者蔬菜汁代替。不要过多地饮用茶水和咖啡，茶叶里面的茶多酚会对我们的睡眠造成一定的影响。而咖啡喝多了，会让我们的皮肤发黑。

据营养专家介绍，油炸食品、腌制食品和加工类的肉食品会加重身体负担，饼干、方便面、碳酸饮料等方便食品对人的肝脏的影响很大；吃烧烤食品等同吸烟。俗语说："病从口入"，经常吃垃圾食品会降低人体的抵抗力，使疾病来袭。魅力离不开健康，健康离不开营养，垃圾食品，绝对是魅力女人的大忌。

好莱坞不少女明星，在她们保养秘方里总有一条：一星期里有一天禁食所有肉类。肉类、鱼类、蛋等动物性食物，使血液里的尿酸、乳酸量增加，这种乳酸随汗排出後，停留在皮肤表面，不停地侵蚀皮肤表面的细胞，使皮肤粗糙又容易产生皱纹与斑点。素食中大量的矿物质、纤维质，能将血液中有害物质清除，净化血液，在代谢过程中输送足够的养分与氧气，使全身各器官活泼充满生气，皮肤自然健康有光泽，细致而有弹性。

良好饮食是女性的私人美容师，想漂亮的女人真的可以"吃出美丽"。"吃出美丽"的"吃"，不是暴食暴饮，不是三天吃两天不吃，更不是没头没脑地傻吃，而是有节奏地吃，有准备地吃，有选择地吃，有心地吃，重调养地吃。

孔夫子教导我们："寝不言,食不语,细嚼慢咽,粗细兼顾、荤素相宜。"这才是饮食的最高境界。

女人真正的魅力,是由内而外散发的一种健康之美,是肌肤时刻透露的水嫩光泽。林黛玉虽美,但她那风一吹就倒下的身体,绝不是女性的魅力所在。真正有智慧的女人,懂得从饮食中吃出健康,吃出美丽,让魅力之源永不会枯竭。

"抗氧化剂"食物:慢性疾病的克星

或许你每天都做运动,每天都吃营养品,在身体保健方面下足了工夫。可是,当到了一定年龄的时候,很多慢性疾病还是会光顾你的身体,你不再具有健康的身体,医院也成了你的另一个家。难道各种保健措施的功效真的这么微乎其微?

早在 1956 年,英国著名的"抗氧化之父"哈曼博士就提出了在医学界享有盛誉的《氧自由基衰老理论》,理论中称氧自由基是"百病之源",是人类衰、老、亡的"元凶"。

氧自由基是人体新陈代谢的自然产物,它可以损害人体的免疫系统,导致不同年龄阶段的各种慢性疾病。有广泛的科学证据显示,心脏病、中风、血液循环问题、癌症、老年痴呆症、糖尿病以及身体器官老化都与体内氧自由基的增加有所相关。

防御或抵抗氧自由基对身体的破坏,我们唯一能使用的武器就是抗氧化剂。抗氧化剂是机体防御自由基进入血液的第一道防线,是清理氧自由基的第一杀手,它可以有效抑制氧自由基的形成。

对于氧化损伤与慢性疾病之间的关系,科学界早就有了比较明确的认识。持续的 DNA 氧化损伤会明显促进主要癌症的出现,而持续的脂质过氧化则会明显促进心血管疾病的发生。世界各国的多项研究试验证实,抗氧化营养素在抵制慢性疾病的过程中起着关键性的作用。

一般情况下,女性过了 35 岁以后,自身抗氧化、清除氧自由基的能力就开始下降,再加之当今社会压力和污染物的不断增加,人体内的氧自由基也随之增多,慢性疾病的发生也就成了不可避免的事情。这时候,清除氧自由基单靠来自人体的内源性抗氧化剂是不够的,我们必须从富含抗氧化的食物中吸收足够的抗氧化剂,来抵御氧自由基对人体的攻击。

美国《时代杂志》曾评选出了十大抗氧化食物,并指出这些食物不但容易获取,还含有天然食物中的生物化学因子,与那些提炼而成的抗氧化相比,更易被人体吸收利用,预防慢性疾病。这些食物分别是:

1. 葡萄:吃葡萄不吐葡萄皮,更不要吐葡萄籽。因为葡萄籽中的花青素,其抗氧化能力非常强,可以有效地对抗肌肤的老化。如果嫌吃起来麻烦,可以把洗干净的葡萄,放入榨汁机中,榨成葡萄汁来喝,一样可以起到保健和美容的效果。另外,在吃葡萄的同时,适量饮用一些红酒,效果会更好。

2. 蓝莓:莓类水果 β 胡萝卜素和维生素 C 含量极为丰富,而这两种成分被医学界认为是所有抗氧化物里效果最佳的物质。

3. 坚果:核桃、杏仁等坚果类食物富含维生素 E,不但具有抗氧化功能,而且还能修护老化的皮肤组织,让我们的皮肤重现年轻光泽。不过,坚果类食物含高油脂,食用时一定要适量,否则会造成不良的后果。

4. 番茄:茄红素含量丰富,在各种番茄种类里面,尤以那种叫"圣女果"的小番茄效果最佳。通常来说,颜色越红的番茄,茄红素含量越高。而茄红素的抗氧化能力也非常的强,几乎是维生素 C 的 20 倍。

5. 花椰菜:十字花科植物,外形美观。它里面含有一种独特的抗氧化物质,几乎集所有抗氧化物于一身,具有极强的抗氧化效果。

6. 大蒜:里面含有的硫化物不但具有抗氧化还原的作用,而且还能有效降低人体内的胆固醇含量,预防高血压及心血管疾病。

7.绿茶:是许多办公室白领的最爱,除了能清新口气,还有很强的抗辐射功效。另外,绿茶的抗氧化效果同样令人不可小看。坚持饮用,不但可以抗老化,还有助于美体瘦身。

8.鲑鱼:以野生鲑鱼为佳,鲑鱼肉质细嫩,味美可口,含有超强的Ω-3多元不饱和脂肪酸,这使它具有非常强大的抗氧化功效。

9.菠菜:菠菜富含β胡萝卜素和维生素C,所以也上了抗氧化食物十佳排行榜。另外它还含有铁、钾、镁等多种矿物质及叶酸,所以能有效降低血压,振奋情绪。

10.燕麦:富含蛋白质、钙、核黄素、硫胺素等成分,每日摄取适量的燕麦能加速人体新陈代谢,加速氨基酸的合成,促进细胞更新。

人生在世,生老病死是不可避免的事情,但有些疾病,只要用心对待,就不会轻易找上你的家门。天天到医院打点滴、做化疗的日子是很多人都无法承受的,女人要幸福,永葆心情愉悦,健康是必不可少的因素。要健康,就必须注意多吃一些"抗氧化"的食物,为健康守好这道防线,不让疾病侵蚀自己的身体。

健康,是可以吃出来的。注意你的饮食,你就可以为身体输送源源不断地营养物质;注意你的饮食,你就可以轻松为自己设置一道生命安全的防线。"抗氧化"食物,天生就是慢性疾病的克星,可以使一些疾病对你望而却步。

芦荟:排毒与美容的专家

传说,美艳绝伦的埃及女王克丽奥佩特拉有一个外人无法越雷池一步的神秘魔池。每当子夜时分,克丽奥佩特拉便步入魔池,沐浴在一潭显露于月光之下的碧色清波之中。日复一日，年复一年，克丽奥佩特拉容颜丝毫未改，人们再也无法猜测女王的年龄。

后来，人们才在衰败了的埃及王朝旧址上发现，魔池中的液体其实是一种叫做芦荟的汁液。据历史记载，埃及女王克丽奥佩特拉一生都用芦荟沐浴和护理皮肤，并坚持饮用芦荟汁。

自古以来，芦荟作为美容药草在民间广为流传，大量的文献记载了其神奇的美容功效。芦荟中含有的氨基酸、有机酸、多糖及微量元素都是皮肤天然保湿因子中的宝贵成分，它可以补充皮肤中损失的水分，有恢复胶原蛋白的功能，可以防止产生面部皱纹，保持皮肤柔润、光滑、富有弹性，具有很好的保湿效果。芦荟对紫外线的吸收效果也非常好，可有效预防紫外线对皮肤的伤害，还对日晒后皮肤的修复具有良好作用。

此外，芦荟中所含有的维生素、矿物质、多糖等天然营养成分，均为皮肤所需要的营养物质，可有效滋养肌肤；芦荟中含有的活性水解蛋白酶可以清除已死亡的角质细胞，给新组织创造正常的生存环境，防止皮肤粗糙和老化，帮助毛孔呼吸，有很好的抗皱和延缓衰老的作用。

据说公元前333年，马其顿国王亚历山大在东征时，曾用芦荟的汁液治疗受伤的士兵，结果那些伤兵很快痊愈，并在征服欧、亚、非三大洲时为亚历山大立下了汗马功劳。二战结束以后，日本受美国核辐射灼伤的幸存者就是因为不断用芦荟汁涂抹伤口，才使伤口很快愈合，还没有留下任何疤痕。现代科学也通过大量临床实验证明，芦荟可以祛除女人面部的疤痕、斑点、并能减轻电脑辐射对我们皮肤的伤害。

由此可见，芦荟的排毒功能，一点都不亚于它的美容功效。研究表明，芦荟素可以极好地刺激小肠蠕动，把肠道毒素排出去；芦荟因、芦荟纤维素、有机酸能极好地软化血管，扩张毛细血管，清理血管内毒素；芦荟中的其它营养成分可迅速补充人体缺损的需要。所以，美国人常说：清早一杯芦荟，如金币般珍贵。

拥有曼妙的身段、水泽亮丽的肌肤几乎是每位女士的梦想,而芦荟神奇的排毒美容功效正符合了所有爱美女士的需要。目前,在世界上添加有芦荟的化妆品已超过 1500 种。在美国"最佳化妆品有效物"的评比结果表明,芦荟的名次位列第二,仅次于维生素。有关资料显示,欧洲化妆品市场上保健类化妆品中以芦荟为原料的占 80% 以上。

不仅如此,某些品种的芦荟还是一种上好的食材,食用芦荟可达到很好的保健美容功效。芦荟的家庭保健食用方法相当多样,生嚼芦荟叶,即把鲜芦荟叶切成四厘米的段,洗净去皮即可;饮芦荟汁,即将芦荟叶在榨汁机中打碎过滤服用,最好随用随打,也可煮开后放在冰箱内保存一两个星期;此外还有芦荟浸酒、芦荟浸蜜等。

芦荟以其神奇的排毒美容功效,成为时下许多爱美女性的盘中餐,不但餐厅有芦荟菜肴供应,就连自家阳台上也可种一些供自己随时取用的芦荟。不过,芦荟虽好,食用也要讲究方法和适度。

芦荟苦寒,可清热解毒,对有口苦、口臭、烦热、尿赤、便秘症者,比较适宜。不过,芦荟并非人人宜食,不同体质的人食用芦荟会产生不同的效果。体质虚弱者和少儿不宜过量食用,多食会引起腹痛和腹泻,个别体质过敏者也会出现皮肤红肿、粗糙的现象。

任何东西过犹不及。吃芦荟也一样,并不是吃得越多就越健康。每人每天摄入量最多不要超过 15 克,因为芦荟属于性寒之物,吃多了会上吐下泻。尤其是一些特殊人群,如孕妇、老人和儿童食用的时候,一定要谨遵医嘱,不要随便乱服。另外,特别提醒读者注意,并不是所有品种的芦荟都适合服用,在食用之前,一定要问清楚,确定是可以食用的再吃。

随着社会的发展,人们生活水平的提高,以天然保健品促进健康的概念日渐深入人心。芦荟这种具有多功能保健的植物正以不可阻挡之势,走进人们的生活。爱美的女性,千万不可错过芦荟这种美容保健佳品,要让它成为你的私人美容师,永葆青春和美丽。

乳酸菌：医治疾病的"魔水"

酸奶一直都是女性朋友的最爱，经常喝酸奶的女性，不仅肌肤较一般女性更好，而且生病的几率也较低。这是为什么呢？答案就在于酸奶中的乳酸菌，乳酸菌赋予了酸奶备受女性青睐的条件。

早在20世纪初，俄国著名的生物学家梅契尼柯夫，在他获得诺贝尔奖的"长寿学说"里已明确指出：保加利亚的巴尔干岛地区居民，日常生活中经常饮用的酸奶中含有大量的乳酸菌。这些乳酸菌能够定植在人体内，有效地抑制有害菌的生长，减少由于肠道内有害菌产生的毒素对整个机体的毒害，这是保加利亚地区居民长寿的重要原因。

介于乳酸菌的独特功效，欧美、日本等发达国家大力宣传乳酸菌及相关产品，在这些国家，几乎人人都知道乳酸菌有益人体健康。全球乳酸菌产品生产规模不断扩大，光是乳酸菌食品就占了近乎85%的市场份额，我国乳酸菌产品也处于增长的态势。

乳酸菌到底有何魅力，可以使如此多的人对它趋之若鹜？乳酸菌是一种存在于人类体内的益生菌，能够将碳水化合物发酵成乳酸，因而得名。乳酸菌在自然界中种类很多，分布极广，目前至少可分为18个属，共有200多种。除极少数外，其中绝大部分都是人体内必不可少且具有重要生理功能的菌群，广泛存在于人体的肠道中。

根据科学家的研究，肥胖人群体内的有益乳酸菌明显比普通人群低。经常食用乳酸菌食品，可以有效降低血压、血脂、血糖，改善肠道内微循环，达到健康的目的。

除了上述作用，乳酸菌还可以促进钙、蛋白质、铁等微量元素和营养物质的吸收,最后合成 B 族维生素,控制体内的毒素的产生,有效地预防肠道疾病的发生。同时,乳酸菌还可以改善我们的肝功能,保护我们的肝脏不受伤害。另外,乳酸菌还具有美容养颜、抗衰老等功效。

对女人来说,乳酸菌简直就像个魔术师一样,能够治疗多种让女性朋友困扰已久的疾病,使她们神奇般康复。那乳酸菌究竟是治疗哪些疾病的"魔水"呢?

1. 乳酸菌与便秘

便秘是由肠子的蠕动迟钝所引起的,运动不足、水分不足、食物纤维摄取量过少,都会引起便秘。便秘的人,肠内呈现碱性,这会使得肠子的功能变得迟钝。不过如果肠内的乳酸菌占优势时,乳酸菌所创造的'酸'就可以改变肠内的环境,将碱性转变为酸性,刺激到肠子,使大肠蠕动活泼,促进排便顺利进行。

2. 乳酸菌与过敏疾病

日本科学家发现,乳酸菌的细胞壁可以诱发 T 细胞产生大量的白介素 –12,因此能够抑制抗原特异性免疫球蛋白 E 抗体的产生,并且能够预防过敏反应和食物过敏。若连续服用酸奶,每天至少二百克连续一年,不只能改善过敏症状,还能降低免疫球蛋白 E 抗体。芬兰学者还发现,怀孕妈妈若直系亲属中患有过敏者,在产前服用乳酸菌连续十四天,小孩则在出生后服用六个月,则小孩过敏病的发生率能降低5% 。

3. 乳酸菌与腹泻

其实,腹泻是体内的防御反应之一,腹泻可以将体内入侵的异物迅速地排出体外。如果是因为病原菌而导致腹泻时,那么吃止泻药止泻的话,大量的病原菌会残存在肠内,这样会加速感染。乳酸菌可以将为非作歹的病原菌驱逐出体外,使腹泻停止,达到根本改善的效果。

4. 乳酸菌与儿童艾滋病

据德国《明镜》周刊2005 年报道,美国伊利诺斯大学芝加哥牙科学院副教授陶林领导科研小组发现,儿童口腔中的乳酸菌可以防止艾滋病毒在儿童体内扩散。有6种乳酸菌能够通过自己产生一种蛋白质,紧紧地将自己固定在口腔膜和消化道膜壁上,这种蛋白质能捕捉住艾滋病毒,并牢固地附在艾滋病毒的外壳上。

黑色食品:最好的天然补肾品

武婷的妈妈是因为肾炎过世的,那时候,武婷很伤心,经过很长时间才从失去母亲的伤痛中走出来。可是,没过几年,她竟也成了肾部疾病的受害者。

大四的时候,很多人都参加了公务员考试,想为自己找个铁饭碗,武婷也不例外。所有人都知道,公务员的录取比例是很低的,可武婷靠自己的努力,过五关斩六将,顺利通过了初试和面试。本来以为公务员的工作已经十拿九稳了,但在体检的时候,武婷被检查出来肾部有些问题,被取消了公务员的资格。

武婷在这件事上遭遇了很大的打击,后来她想到,妹妹的身体也不是很好,而且她明年就要考大学了。武婷知道,如果有重大疾病的话,升学是会受到影响的。为了不让妹妹步自己的后尘,武婷让妹妹到医院做了个检查。

检查结果出来了,妹妹只是有些肾虚,没有严重的问题,平时注意保养就可以了。这下,武婷总算是落下了心头的一块石头,心里稍稍有了一些安慰。

俗话说,"男怕伤肝,女怕伤肾"。现代医学证实,男人肾虚会精亏阳痿,女人肾虚则会使造血功能受到伤害,气血两亏,最终导致各种妇女疾病。因此,将肾称为女人健康美丽的"发动机",一点都不过分。

第⑨章 饮食:女人魅力的私房秘密

131

女性一旦肾虚,就会很快地精神疲惫、反应迟钝、腰酸腿软、皮肤颜色枯槁、下眼睑颜色暗淡、耳廓颜色焦枯、骨骼脆弱等等。红颜易老,祸根之一就是不为人所知的肾虚。从生理特点角度上来讲,女性天生就是肾脏类疾病的高发者,其患肾病的可能性较男性大很多,所以,女性朋友更应该加强对肾的保护,以保证身体的健康。

专家介绍,"黑色食品"是最好的天然补肾品,女性可多吃"黑色食品"为肾筑起一道"万里长城",以抵制各类肾病的侵犯。那么,什么是"黑色食品"呢? 在国外,"黑色食品"是指两个方面:一是具有黑颜色的食品;二是粗纤维含量较高的食品。下面介绍几种对滋肾补肾有显著效果的"黑色食品":

1. 黑豆

古人认为豆是肾之谷,其形像肾,而色与肾色同,有人试过每日吃十几枚黑豆,真的会到老不衰,所以黑豆有很强的补肾养肾的作用。此外,黑豆含有较丰富的蛋白质、脂肪、碳水化合物以及胡萝卜素、维生素 B_1、B_2、烟酸等营养物质,有益于延缓衰老,养颜美容。

2. 黑木耳

木耳能化痰、补气益志,去燥滋补,滋润发质,活血养胃,清除体内的各种有毒垃圾。木耳水果派、木耳饼羹、木耳红枣羹、木耳煲鸭、酸辣木耳羹等,常常是我们的餐中佳肴,味道鲜美。近年来,黑木耳的降低胆固醇、脂肪和抗凝作用也逐渐被重视起来,每天当菜吃 30～50 克,对高血脂、高血压、动脉硬化、冠心病患者有良好的保健作用。

3. 黑米

黑米,也被称为"黑珍珠",含有丰富的蛋白质、氨基酸以及铁、钙、锰、锌等微量元素,有开胃益中、滑涩补精、健脾暖肝、舒筋活血等功效,其富含的维生素 B_1 和铁的含量是普通大米的 7 倍。

4. 黑桑葚

性味甘、酸、寒,入心、肝、肾经,有滋阴补血,润肠通便的功效。味道酸美多汁,多食能使你的眼目明亮,头发密泽,可作成桑葚布丁、桑葚蛋糕、桑葚水果沙拉等。吃过它的古人曾说:"食之,令人肥健,润肌肤,乌须发,固精气。"

5.黑葡萄

宋代的医书《备用本草》记述葡萄的作用为"主筋骨,温脾益气,倍力强志,令人肥健,耐饥忍风寒,久食轻身,不老延年,可作酒,逐水利小便"。它含有丰富的矿物质钙、钾、磷、铁以及维生素 B_1、B_2、B_6、C 等,还含有多种人体所需的氨基酸,常食黑葡萄对神经衰弱、疲劳过度大有裨益。

6.黑芝麻

可以配合各种点心、菜肴做成各种美食,还可以炒熟后碾碎放盐,放在早餐的粥里,是著名的补养佳品。黑芝麻中含有维生素 E,具有维持正常生殖机能,抗不孕和延缓衰老的作用,还具有养颜润肤、乌发、益脾补肝、强身益寿的功能。

7.海带

海带素有"长寿菜"的美誉,含有丰富的碳水化合物、较少的蛋白质和脂肪,与菠菜、油菜相比,除维生素 C 外,其蛋白质、糖、钙、铁的含量均高出几倍至几十倍。多用于炖汤、制作凉菜,素食或与肉同食均可,对预防及治疗甲状腺肿及其他水肿病极为有效,有化痰、散结功能。

第 10 章

保健，魅力长驻的不老秘诀

有的女人，在岁月的侵蚀中失去了原本倾国倾城的美丽容颜；有的女人，却在时间的洗礼中沉淀了令人回味无穷的韵味。珍爱自己，保健绝对不容忽视，否则你很快就会成为秋风中树上残留的叶，生命岌岌可危。用保健呵护自己，女人犹如寻得了一颗长生药，在收获健康的同时，也把握了魅力长驻的秘诀，生命不老的秘方。

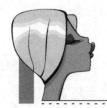

懒惰是女性的最大毒药

久很久以前,在一个偏僻的小山村里,住着一对姐妹,姐姐叫"勤劳",妹妹叫"懒惰"。她们的父母很早就去世了,只留下姐妹俩相依为命过日子。不知不觉间,已过去了十年,姐妹俩都已长成大人了。

有一天,她们商量说:"我们整天呆在这个山沟沟里,不会有多大的出息,还是出去闯世界吧。"于是,姐妹俩就分头出发了。

"勤劳"来到了一个大城市,顾不上疲劳,就开始找工作。她来到了一个染布坊里,当起了学徒。每天,天刚蒙蒙亮,她就起床,里里外外打扫得干干净净,为主人烧好茶水,然后开始干起了染布的活儿。这样持续了三年,主人见她勤劳淳朴,就把自己祖传的染布绝技传授给了她。又过了三年,"勤劳"开了自己的染布坊。

而妹妹"懒惰"呢,就不同了。她来到了京城,起先也像姐姐一样,先在一个小作坊里学刺绣,但不久就因为懒惰散漫被辞退了。她流浪在街头,心灰意冷,正在这时,她看到一个小偷偷了路人的钱袋,但路人胆小没敢出声。她想:"我现在日子还不如一个小偷呢。"于是,"懒惰"就成了小偷,过了一段衣食无忧的生活。后来,"懒惰"在一次偷窃时被人抓住送进了官府,被判坐牢三年。

有些女人终日游手好闲,无所事事,无论干什么都舍不得花力气,下功夫,总想不劳而获,所以,她们一辈子一事无成,甚至还自甘堕落。勤奋,可以成就一个女人的一生;懒惰,却可以毁了一个女人的一生。

勤快的女人做什么事情都很有计划,只要下定决心去做,不管遇到任何困难都绝不放弃。而且勤快的女人家里总是收拾得井井有条,一尘不染,非常干净。成功的女人都是勤快的女人，因为成功的女人从来不为失败找借口。而懒惰的女人，既辜负了上天让我们做女人的一番美意，又把自己的生活搞得一团糟，弄得所有人都不喜欢她们。

很多女人都在为自己的懒惰找理由，下雨可以作为不出门的理由，睡晚可以作为不早起的理由，累了可以作为不干活的理由，没有东西可写可以作为今天不写日记的理由。而这些理由，就好像甘甜的毒药，甜着身，却伤着心。

懒惰是女人最大的毒药，一个懒惰的女人，从不花费心力在任何事情身上，她们没有理想，没有目标，生活总是得过且过，人生处于一种空虚的状态，总是会不厌其烦地麻烦别人。这样的女人，谁人会爱，谁人会欣赏，又有何魅力可言？

一个懒惰的女人，在事业上一事无成，在爱情上不懂得好好经营，自然好运气也就不会降临在她的身上。可是，她们却不懂得自我检讨，总是哭天喊地、怨天尤人，我们看不到她们的闪光点，看不到她们的可爱之处，对她，总是避而远之。

一个懒惰的女人，即使家中已经一个星期也没有打扫了，即使丈夫孩子已经营养不良了，即使自己已经邋遢得不能出门了，却仍旧不肯花半点心思为这个家做一些努力。这样的老婆，男人敢娶吗？这样的妈妈，孩子不心痛吗？这样的自己，女人难道可以问心无愧吗？

女人要学会自赎，不让自己"毒死"在自己的手下，最好的方法就是勤奋。如果你是天才，勤奋使你如虎添翼；如果你不是天才，勤奋将为你赢得一切。命运总是掌握在那些勤勤恳恳工作的人手中，历史上有作为的人，往往不是那些天资聪明、才华四射的天才，而是那些智力平平而又非常勤奋、埋头苦干的人。

曾国藩是中国历史上最有影响的人物之一，但是他小时候的天赋却不高。有一天他在家读书，对一篇文章重复不知道多少遍了，还在朗读，因为他还没有背下来。

这时候他家来了一个贼,潜伏在他的屋檐下,希望等他睡觉之后捞点好处。可是等啊等,就是不见他睡觉,还是翻来覆去地读那篇文章。贼人大怒,跳出来说:"这种水平读什么书?"然后将那文章背诵一遍,扬长而去。

贼人是很聪明,至少比曾国藩要聪明,但是他只能成为贼,而曾国藩却被毛泽东评为"近代最有大本大源的人。"作为现代女性,想要出色,就应该把别人逛街、睡懒觉的时间利用在学习和工作上,也不要以为聪明可以当终生的饭碗,天才也需要后天的勤奋。

懒惰是一种坠落,一种恶劣的精神重负。当女人懒惰的时候,要和自己说:"我在喝着甘甜的毒药呢";当女人勤奋的时候,要对自己说:"我在喝着苦口的妙药呢"。只要戒除懒惰的毒药,女人就可以魅力四射,成为自己希望成为的样子。

女性健身,球类运动最适宜

小艾的工作需要一天到晚坐在电脑旁,再加上她体质比较容易变胖,所以工作不久,她就长出了双下巴,肚子上也多了不少赘肉,身材,成了小艾的一大难题。不仅如此,这种工作方式还使小艾整日都无精打采的,精神面貌十分不佳。

小艾也知道,自己这样下去是不行的,她想过跑步锻炼身体,可是她从小就不喜欢跑步,以前也尝试过,可每次都是没坚持几天就放弃了。她也想过节食减肥,可她胃口特别好,一到吃饭的时候就总是经不住诱惑。

在一次同学聚会的时候,小艾看到以前一个很胖的同学现在变得非常苗条,一见面就向她请教减肥的秘诀。同学告诉她,自己也没有刻意的减肥,就是喜欢打网球,而这也是一种对身体十分有益的健身方式。

实在是太羡慕同学现在的身材了,小艾决定也尝试一下,于是也开始了自己的网球健身。小艾虽不喜欢运动,可她很要强,很享受打网球时与人一争高低的感觉,每天打两个小时的网球根本就不觉得累,还兴致勃勃地央求对方再陪自己打一会。

一个月下来,果然卓有成效,小艾不仅体重轻了5公斤,整个人也开始变得有精神,工作效率也明显提高。现在,网球已经成了小艾生活的一部分,一段时间不打球,就会觉得浑身不自在。

像小艾这样的女性,在当今社会非常普遍。其实,每个人都不是天生讨厌运动,而是没有找到适合自己的运动方式。球类运动既可以成为健身的方式,还可以成为个人的兴趣所在,将兴趣融入健身当中,你就会发现:健身,实在是一件很美妙的事情。

女性朋友都知道,健身既有利于锻炼身体,又有利于减肥,是一举两得的好活动。可是,女人天性比较懒散,即使知道健身的好处,还是无法坚持下去。不过,女性天生爱玩,喜欢在玩乐中尽情地享受人生,如果能将健身和玩乐联系在一起的话,女人就能为健身而疯狂,其毅力令男人都较之汗颜。

许多球类运动都是需要有人配合才可以完成的,闲暇时,约朋友出来打球,可以巩固友情;工作时,约朋友出来打球,可以联系感情。打球不仅成为健身的方式,更成为一种与人交际、培养感情的有效方式。做某种球类运动的高手,有时可在事业上助你一臂之力。

球类运动有很多种,每个人都可以根据自身的体质、喜好、工作环境等选择适合自己的球类运动,让自己在这种健身方式中享受快乐,享受运动的乐趣。

1.排球

这是一种比较流行的健身方式,需要做发球、垫球、传球、扣球和拦网等动作来组织进攻和防守,这需要身体各个部位的高度配合,能够使身体充分活动开。在场地中尽情地挥洒着汗水,将迎面而来的球打回去,那种酣畅淋漓的感觉,让人既过瘾又痛快。

研究表明,打一小时排球,女性可消耗 319 卡(1 卡 = 4.18 焦耳)的热量,相当于一碗阳春面的热量。同时,排球运动对女性灵敏性的提高有很好的帮助。

2. 乒乓球

乒乓球在我国相当普及,被视为国球。在学校、小区到处都有乒乓球桌。打乒乓球对场地要求一般不是不高,只要有球桌就可以打。相对而言,打乒乓球比较安全,同时还能锻炼到身体的每一个部位,使我们的身体更加灵活,更有柔韧性。由于击打过程中乒乓球速度快、变化比较大、对神经系统的要求很高,所以,长期打乒乓球可以有效地提高我们的反应能力。

3. 羽毛球

在我国,羽毛球的普及性仅次于乒乓球,二人或者四人对打,场地不限,而且羽毛球拍价格便宜,技巧又容易掌握。所以,女性朋友没事的时候,可以和朋友一起打打羽毛球,不但可以放松我们的筋骨,还可以锻炼我们腰背的力量。

4. 壁球

壁球曾被美国福布斯杂志列为 10 大最佳健身休闲运动,向白领阶层大力推荐。因为壁球能在短时间内,使我们的心肺功能、爆发力、身体的协调性、耐力和反应能力得到最大限度地锻炼,在短时间内就能达到健身减肥的目的,也因此受到很多时尚女性的青睐。

5. 网球

网球是许多美女钟爱的一项相对比较剧烈的运动。它可以有效地锻炼我们手臂的力量,同时还能增强我们的心肺功能和身体的灵活性。女人打网球,动作非常优美,而且网球运动极富时尚气息,很有活力,能让我们更加自信。

瑜伽:最适合女性的养体神功

据说,在几千年前的印度,高僧们为追求进入天人合一的最高境界,经常僻居在原始森林,静坐冥想。

在原始森林生活了很长一段时间之后,高僧们开始观察生物,并从中体悟了不少大自然图法则。后来,高僧们将生物的生存法则,验证到人的身上,逐步感应到了身体内部的微妙变化。就这样,人类开始探索自己的身体,懂得了如何和自己的身体"对话",并以此对健康进行维护和调理。

经过几千年的钻研归纳,历代的高僧们逐步衍化出一套理论完整、确切实用的养身健身体系,这就是瑜伽。

在瑜伽的起源地印度,流传着许多关于它的故事和传说,无论哪个版本,都验证了瑜伽在人类养体方面的神奇功效。作为当今社会最流行的女性养体方式,瑜伽已经得到了社会各个阶层女性的青睐,越来越多的人不遗余力地投入到瑜伽养体的实践当中,期望以此练就自己完美的体型。

纵观演艺圈的各类女性,无论是老牌美女巩俐、关之琳、刘嘉玲,还是现在演艺事业正如日中天的孙俪、蔡依林,都是瑜伽的忠实追随者。尤其是蔡依林,已经将瑜伽的精髓用到了自己的 MV 和演唱会里,让人不由得大赞她身体的柔软。这些明星以自己的亲身经历,向我们证实:瑜伽,确实是当代最适合女性的养体神功。

小雨是朋友中出了名的三分钟热度,做事总是有始无终,所以当她宣布自己正在练瑜伽的时候,周围的朋友一致断定她最多坚持三天。可十天已经过去了,小雨对瑜珈的热情不仅没有消退,反而还越来越痴迷。她每天兴高采烈的去健身房练习瑜伽,回来之后就和朋友说她在健身房认识的新伙伴。

和小雨一起练瑜伽的朋友中,有个叫赵宁的同龄人,当初练习瑜伽的目的是为了减肥。一段时间下来,果然卓有成效,原本肥胖臃肿的身材,现在火辣得连女人都忍不住多看几眼。

在她们的队伍中还有个叫张娟的,从小身体就不太好,练瑜伽的初衷是想锻炼身体,坚持了三年之后,身体状况明显好转。以前朋友都说她是林黛玉的身子,可前段时间,她还参加了学校的3000米越野比赛了呢。

小雨说,在上课的时候,当老师说这个动作可以提臀,那个动作可以美化侧腰的线条的时候,你一定会看到大家在十分卖力地做。做完之后,脸上还有意犹未尽的表情呢。

瑜伽最强悍的广告词是:你在什么年龄开始练,只要你刻苦、坚持,你就能够保持那个年龄的相貌。究竟瑜伽有哪些神奇的养体功效,敢在全世界面前这样夸下海口呢?

瑜伽的基本姿势有推、挤、拉、扭、伸等,不但可认按摩我们的内脏器官,使我们的生理机能得到强化,而且还可以调节内分泌,有效地促进人体的新陈代谢,达到延缓衰老的效果。同时,瑜伽还可以通过呼吸调整我们的情绪,使人体保持一种舒缓宁静的状态,让女人永远年轻,青春永驻。

由于日常劳累或不良坐姿,女人的脊椎很容易变形,而瑜伽,正好就是改善不良姿态的良药。通过瑜伽的练习,人体的脊椎、肌肉、韧带和血管可以处于一个相对平衡的状态,这使女人体态优雅,浑身散发迷人的气质。

健康的瑜伽饮食习惯是坚持只进食乳品、蔬菜类食品,而不吃刺激性和压抑性食品,这有利于食物消化,使胃更健康。《红楼梦》有言:女人都是水做的。瑜伽练习者每天都要喝掉大于 10～15 杯的清水,这既可以满足人体对水分的需求,又能净化身体,预防疾病,是养体的最好秘方。

很多女人都把瑜伽想象得很神秘,但练习瑜伽其实是一件很简单的事情。在你闲暇的时候,找一个安静的通风之地,盘腿静息,娴静优雅地舞动身体,心随气息而动。一套操下来,你能顿时感觉神清目爽,获得心灵的洗涤。

拥有完美迷人的身材,是每一位爱美女性梦寐以求的事情,瑜伽这种养体运动的流行,正适应了当代女性对健康的需求,是最适合女性的养体神功。很多女性意志不够坚定,中途选择了放弃,然后与完美的身材失之交臂。练习瑜伽贵在坚持,只要你坚持,就一定能在拥有健康的同时,练就令人着迷的完美身材,为自己的魅力再加珍贵的一分。

熏洗疗法:防病治病融为一体

古时,有一个女子,其夫身患绝症,城里的大夫断定他活不过三年。自此,这位女子开始带着丈夫四处寻访名医,希望能够治好他的病。可看了很多有名的大夫,所有的人都对丈夫的病束手无策。

后来,女子带着丈夫来到了关中,听说在附近的深山里,有一个远近闻名的神医,治愈了很多疑难杂症。据说,世界上没有这位神医治不好的病。不过,这位神医从不轻易露面,只有至诚至信之人才能与他见上一面。

女子带着夫君来到那位神医居住的深山里,找了三天三夜却依然找不到神医的踪迹。丈夫劝她回去,但女子坚决不从。等到第七七四十九天的时候,那位神医终于被女子对丈夫的爱所感动了,现身相见,并答应治好她丈夫的病。

神医让女子每天清晨采集花上的露珠,集齐一桶之后泡上神医配置的草药,让她的丈夫在药桶中浸泡药液,并使药液时刻处于温度较高的状态。在药液中泡了整整一百天之后,这位女子丈夫的病真的神奇般的治愈了。

神医为这位女子的丈夫治病的方法,就是我们现在所说的熏洗疗法。

传统的熏洗疗法是把中药煎煮后,借用其热力及药理作用熏洗皮肤或患部,以达到预防和治疗疾病的目的。

1973 年,在湖南马王堆三号汉墓出土的《五十二病方》,明确记载了用熏洗疗可以法治痔瘘、痈症、烧伤、瘢痕、干瘙、蛇伤等多种病症。在孙思邈的《备急千金要方》、《千金翼方》,王焘的《外台秘要》等医学著作中,已将熏蒸疗法广泛应用于内、外、皮肤科等各科疾病的治疗和预防。千百年的实践证明,中药熏蒸疗法是行之有效的防病治病、强身保健的好方法,一直为历代医家和患者重视并普遍使用。

用熏洗疗法在皮肤或患部进行直接熏洗的时候,由于温热和药物作用,能刺激神经系统和心血管系统,疏通经络,调和气血,清热解毒,消肿止痛,改善局部营养状况和全身功能,健体强身,防病治病。

熏洗疗法分可分为全身熏洗法和局部熏洗法两种。局部熏洗法又分为坐浴法、足部熏洗法、手部熏洗法等,每种熏洗疗法针对不同的部位,具有不同的神奇效果。下面介绍几种熏洗疗法的使用步骤。

1. 坐浴法

先根据医生的处方将药煎好,并同时准备好桶、毛巾等物品。把煎好的中药药液倒入盆中,将患处对着药液熏蒸,等到药液温度适宜时,直接坐入盆内泡洗。洗完之后,用毛巾轻轻擦干患处。注意不要吹风。

2. 足部熏洗法

先根据医生的处方将药煎好,并同时准备好桶、毛巾等物品。将煎好的药液趁热倒入盆内。然后在盆内放一个小木凳,脚踩上去以后,迅速用布单把盆和脚都盖住,让热气不至于很快散发掉。当药液不再烫脚时,直接把脚放入盆内泡洗。洗完之后,用毛巾擦干患处。注意不要吹风。

3. 手部熏洗法

先根据医生的处方将药煎好,并同时准备好桶、毛巾等物品。将煎好的药液趁热倒入盆内。然后把手放入盆口,用布单把盆和手盖住,当药液不再烫手时，直接把手和手臂放入盆内泡洗，尽量多洗一会。洗完之后，用毛巾擦干患处。注意不要吹风。

以上各种熏洗法，一般每天熏洗1～3次，每次20～30分钟。其疗程视疾病而定，以病愈为准。此外，除以上熏洗疗法，还有眼部熏洗法、四肢熏洗法等，其方法可参照上述方法，根据患病的部位、大小用不同的药物进行熏洗。

很多人在生病之后，发现熏洗疗法是一种很有效的治病方法，但患病之前却从不加以重视。据权威部门分析，人如果从小就使用熏洗疗法的话，生病的可能性比不用熏洗疗法的人低出5倍。当今社会，在工作和生活的双重压力下，女人患病的几率一般比男人高，晚年的身体状况也较男人差了许多。对此，女人不妨试试熏洗疗法，有病治病，无病强身。

第三部分

做会说话会办事的睿智女人

　　现今社会女人和男人一样在职场打拼、赚钱养家，很多女人通过自己的努力获得了成功。她们是生活中的强者，她们不怨天尤人，她们会说话会办事、聪明睿智，她们通过自己的努力换取幸福，她们是自己命运的主人。睿智的女人是智慧和优雅并存的，她们能够很好的利用自身的优势，取长补短，说话口吐莲花，做事机智灵活，她们有女人的细腻心思和柔婉的技巧。当一个女人学会说话办事的技巧以后，她可以用语言化解尴尬，得到赞美，可以用睿智化险为夷、创造美好，一个会说话会做事的女人，无论在生活中还是事业上，都可以立于不败之地。

第 11 章
熟谙社交的技巧

从呱呱坠地到安然离世,人一生都在不停地与他人打交道,熟谙社交艺术的女人,像花丛中翩然起舞的花蝴蝶,拍打着美丽的翅膀,令人赏心悦目。而不谙人情世故,在人际交往中盲目乱撞的女人,注定要在前进的路上跌跌撞撞,头破血流。与人交往是门艺术,聪明的女人能够领悟这门艺术的精髓,在其中游刃有余,怡然自得。

学会给人"戴高帽"

无论在哪里混,人脉多了总是有益无害,尤其是多认识一些领导,方便之门就更能轻易打开了。市里召开政府工作会议,新来的秘书小赵知道这是结识各位领导的天赐良机,当然不可能错过。于是,他早早来到会场入口处等候各位领导。

耿局是坐专车奥迪 A4 来的,小赵上前打开车门,笑嘻嘻地说:"风光,太风光了,简直羡慕死我了。"耿局冲小赵笑笑,说小伙子不错,进去了。

张局则是坐出租车来的,小赵迎上去:"潇洒,一招手就有车,还来去自由,还不用麻烦司机。"张局拍拍小赵的肩膀,也走进会场了。

钱局比较年轻,骑辆自行车就来了。小赵说:"廉政、廉政,都像您这样的清官,老百姓还有啥抱怨的?"钱局停好自行车,问了问小赵的名字,然后进入会场了。

周局是走着过来的,小赵热情地打招呼:"时尚,现在好多富贵病都是缺少运动,您这样既不耽误工作,又有利于健康。"周局邀小赵开完会后一起吃顿便饭。

在一边观看多时的李局见小吴巧舌如簧,便成心为难小吴:"我可是爬着来的,你怎么说呢?"小赵立即竖起大拇指:"哎呀,这么多局长里面,就数您最稳当!"

听小赵如此说,李局也眉开眼笑了。

对于小赵给人戴高帽的本事,我们真是佩服得五体投地。拥有这样一身本事,相信他一定能够左右逢源。要成为人人欢迎的社交宠儿,就要掌握一门与人交往的艺术,否则不仅不能为自己赢得朋友,还会在不经意间给自己树立敌人。

古希腊有位喜剧家曾说:"从前世界上只有七个智者,而如今要找七个自认为不是智者的人也不容易了。"可见,自我感觉良好是世人共有的弱点,给人戴高帽正迎合了人类的这种心理需求,利用这种心理,女人就能成为社交场合的玫瑰,受人欢迎,不可或缺。

关于戴高帽,古代有一则笑话叫做《百顶高帽》。说是一位京官在去外地赴任前,去向他昔日的老师辞行,老师提醒他说外面的官不好做,让他凡事小心为上。京官对老师说,他早已备好了一百顶高帽,逢人便戴一顶,这样官就好当了。老师一听很生气,说为官要刚正不阿,阿谀奉承那一套要不得。京官巧妙地夸老师说,像老师那样不喜欢戴高帽的官已经不多了,老师一听果然中计了,转怒为喜,说他说得有道理。京官出来以后对别人说,他的高帽已经剩九十九顶了。

恭维话人人爱听,"高帽子"人人爱戴,被人捧在高处的那种飘飘欲仙的感觉,比糖果更甜,比黄金更有价值。学会给人"戴高帽",女人就犹如拿到了一把打开他人防备心门的钥匙,让对方轻易地融化在了你的"甜言蜜语"当中,心甘情愿为你倾尽所有。

一位哲人说:"拍马屁绝对不是一件容易的事,不是空口说白话地喊几声'万岁'或'伟大的上帝'就算得了真传,除了要用聪明才智窥探'上头'的意向,还非得有具体的技巧不可。"

给人戴高帽是一门很深的学问,除了要看对方的身份地位,还要看这顶高帽的尺码是否合适。使受者戴得称心如意,受之无愧,旁观者觉得中肯,拍手称许,这才是戴高帽的最高境界。倘若信手拈来,乱送一通,很可能会闹个拍马拍在马蹄上的笑话,令人贻笑大方。

另外,给人戴高帽的时候,言辞要诚恳,因为轻率的说话态度很容易被对方识破,让人心生不快。如果一个人明明很愚笨,你却要说他聪明盖世,那就会让人觉得你太离谱、太不可信了。因此,在某些时候,宁肯不恭维,也不宜夸大无边地奉承,太过露骨的拍马会让人顿生鄙夷之心。

一些自命清高的人认为,只要有才,就无需给人戴高帽。事实并非如此,李白有才,却因在官场不得人心而飘荡四方;阮籍有才,却因不满司马家的统治而日日在竹林中买醉。有才之人要有更大的作为,就必须建立良好的人际关系,多一个朋友,自己就多了一次机遇,前面也多了一条通往成功的路。

在人际交往中,女人只要高帽戴得巧妙恰当,就能令对方高兴,让自己受益。只要嘴甜一些,就能轻易得到他人的欣赏,为自己化解危机,这等好事,何乐而不为呢? 学会给人戴高帽,在成就他人的同时也成就了自己,每个女人都应该细细体味其中的精髓。

鼓励的方式更易使人改正错误

南部非洲的巴贝姆民族,族里的人犯了错误,族长就会让他站在村落的中央公开亮相,以示惩戒。每当这时,整个部落的人,就会纷纷放下手中的工作,从四面八方赶来,将这人团团围住,用真诚的语言叙述他曾经为部落做过的好事,用美丽的语言赞美他的优点。整个赞美仪式,一直持续到所有的族人都将正面的评语说完为止。然后就是盛大的庆典:男女老少载歌载舞,庆祝犯错误的人改过自新,重新开始。

每个人身上都有这样或那样的缺点,作为亲人、朋友,我们希望他们能够改正错误,日臻完美。有些人,恨铁不成钢,看到自己珍视的人犯了错误就大肆批评,横加指责,在他们眼中,良药苦口利于行,批评尽管会让人心痛,但至少能够制止错误无止境的蔓延。可实际上,人的心灵是很脆弱的,鲜少有人能在批评面前保持理智。鼓励是治疗错误最好的良药,一声鼓励,一句赞美,湮没了改正错误的痛,让人在满足中克服人性的弱点。

人生在世,谁人没有犯过错?指责于事无补,错误也并非不可原谅,只要犯错之人肯改正,给他一个笑脸,给他一句问候,他会更加小心谨慎地走好前面的每一步路。

公司的王大姐脾气臭,为人刻薄,经常对人出言不逊,公司的同事都很讨厌她。一次,因为一件微不足道的小事,王大姐和办公室的张大姐大吵了起来,张大姐一气之下找到主管,控诉王大姐的罪行,并表示再也不会和她共事了,否则就辞职。

听了张大姐的话后,主管说:"你先回去好了,我保证一周之内王大姐的脾气会有所收敛。"带着疑惑的眼神,张大姐离开了主管办公室。

果如主管所言,从那以后,王大姐每次见到张大姐都既和气又有礼,与从前相比,简直判若两人。

后来,张大姐在一次闲谈中好奇地问主管:"你是怎么说的,竟有如此神奇的效果?"主管笑笑说:"我只是告诉王大姐,有很多人称赞她,尤其是你,说她既温柔又善良,脾气好,人缘佳,如此而已。"

生活中我们常有这样的体会,你直接道出一个人的缺点,她不仅不会接受,反而还会恶语相向,辜负了你的一番好意。但如果你夸赞她,鼓励她,她就会自觉改正身上的不足之处,而且会越做越好。其实,每个人都会在潜意识中排斥他人的批评,希望得到别人的赞扬和肯定,如果能够得到他人的肯定,人就会努力做得更好,以期得到更多的赞赏。

其实,每个人都有自己评判是非对错的标准,自己做错了事,怎会不知?让对方自觉认识到过错,往往比直接指出他的过错效果更佳。犯错之后,人们通常已经有了被批评的心理准备,这时候,指责变成谅解,批评变成鼓励,对方在惊讶之余,也会在你的宽容面前自惭形秽,后悔自己的所作所为,并痛下决心一定改正。

告诉你的孩子、你的丈夫,或是你的员工,他在某一件事上愚蠢至极,那你就破坏了他想要进取、上进的心情。可是，如果运用一种相反的技巧，多给他一些鼓励，使对方知道，你对他有信心，他还有尚未发展出的才干，那他就会付出更大的努力，争取下次做得更好。

女人要想受人欢迎，就应该利用鼓励这把利剑，如果你的同事总是迟到，你不妨告诉他："我知道你是一个很守时的人"；如果你的朋友经常给你找麻烦，你不妨告诉他："我相信你是一个很有能力的人，很多事都能自己解决"；如果你的孩子总是调皮捣蛋犯错误，你不妨告诉他："我的孩子是最棒的，从来都不用妈妈担心"。相信这些鼓励的话语，会为你省去很多的麻烦，并使你更受他人的欢迎。

信任、鼓励和支持，是使人改正错误的最有利的武器。士为知己者死，荆轲明明知道刺杀秦王会死，但他宁死也不愿辜负太子丹的期望。同样，面对你鼓励的话语，信任的眼神，对方也绝对不想令你失望，为了不辜负你对他的信任，他一定会竭尽全力改正缺点，做到最好。用鼓励治愈错误，就像牙科医生用麻醉剂一样，尽管病人仍会受钻牙之苦，但却能消除许多疼痛的感觉，你不妨试试，以此为你珍惜的人做一些努力。

使人们乐意接受你的建议

当富兰克林还是一个浮躁的年轻人的时候，一位老朋友对他说："你真是不可救药，你已经打击了每一个和你意见不一致的人。当你在场的时候，你的朋友和同事们觉得很不自在；你不在场的时候，他们会觉得很愉快。"

面对社交方面的失败，富兰克林决心改掉自己粗野武断的习惯。他在自传中写道：我给自己立下了一条规矩，当我表达意见的时候，避免使用"无可置疑""显而易见""当然是这样"这些独断的词汇，而改用"我认为""我想""我假设""至少我在当前的情况下是这么认为的"。当别人发表一个我不以为然的意见的时候,我不会直接说那是错误的,而是诚恳地说:"在某些情况下,你的看法是对的,可是在目前的情况下,事情似乎有些不同。"当反驳别人的意见的时候,我会说:"我倒有一些看法,但是不一定正确,我经常会犯错,如果我错了,我愿意被纠正过来,让我们来看看问题的所在吧。"

起初这样做的时候,富兰克林觉得很困难,但久而久之,他这种谦虚的态度就变成了一种习惯,而他也渐渐从这种习惯中受益。人们愿意与他交谈,乐于接受他的意见,只要有他参与的谈话,气氛就会变得很融洽,他提交的新法案,也能得到他人的重视,并得到广泛的支持。

所有人都希望自己的意见能为人所接受,但很多时候,即使你说破了口舌,对方还是一副将信将疑或不屑一顾的态度和表情。难道你的意见真的是错误的?未必。或许你是对的,只是用错了方式。

明朝刚直不阿的清官海瑞曾因痛骂嘉靖皇帝而下狱,当时刑部主张以"大不敬"之罪对海瑞处以极刑,幸好被时任首辅的徐阶发现,压了下来。嘉靖皇帝虽然心里知道海瑞"骂"的都是事实,但总觉得不杀这个目无君主的海瑞就无法咽下这口气。

正当嘉靖对杀不杀海瑞犹豫不决之时,徐阶找了一个机会悄悄对嘉靖说:"像海瑞这样的草野狂夫,根本不值得您为他动怒。他明知皇帝圣明故意来找岔子,以便沽名钓誉,皇上杀了他反而成全了他。不如干脆不加罪,他也捞不着虚名,大家也更会颂扬皇上德倾四海!"嘉靖皇帝经徐阶这一劝谏,果然赦免了海瑞。

面对强大的皇权,徐阶的"甜言蜜语"可谓是四两拨千斤,巧妙地将海瑞从嘉靖的虎口中救了出来。建议可以提,但要讲究方式方法,采用让人听起来最顺耳的方式,你的建议就已经成功一半了。

女人想要别人心甘情愿接受自己的意见和建议,还要把对方摆在平等的位置上,万万不可显露出高人一等的姿态。在实践还没有检验出真理之前,你的不一定对,他的不一定错,任何人都没有轻视他人的权利和资格。平等待人是两颗心交融的前提,如果心在地球的两极,就算你的意见可以为他赢得整个世界,对方也不会多听一句。

意见有诱惑力,别人才会认真考虑是不是应该接受。如果你经过举一反三、旁征博引之后,仍不能给人带来任何好处,那你的建议纯粹就是在浪费别人的时间,没有任何价值可言。每个人做事,必定有所图,如果你的建议能够给人带来更多的利益,让人更轻松地达到目的,他人何必舍近求远,白白浪费更多的时间和精力呢?

如果你费尽心力,别人却依旧对你的建议无动于衷,千万不要为了证明自己是正确的就对对方死缠烂打,非要他按照自己的建议行事不可。每个人都有自己评判事情的标准,权衡左后如果他的想法没有改变,那可能是你的意见真的有一些不足之处。将你的想法强加于别人身上,别人理所当然会抵制,而且会对你留下不好的印象,在以后的交往中对你敬而远之。

当人遇到棘手的事情的时候,总希望能从别人的建议中得到一些有用的信息,所以很多人都是欢迎别人提意见的。但女人要清楚,提意见就是在玩心理战术,让人乐意接受的你的意见才是制胜的法宝。不要觉得你的建议好就妄自尊大,采用一些委婉的方法,达到自己劝诫的目的,那才是你可以感到自豪的最后时刻。

先承认自己的错误

在人际交往中,女人通常把面子看得比什么都重要,很少在公共场合承认自己的错误。殊不知,有些是非是不能过于计较的,首先承认自己的错误,才能尽显大度女人的风范。

夏丹是一家化妆品公司的业务代表,一心想把公司的产品卖给当地一家有名的百货商场。可是,那家百货商场的总经理是个非常难缠的女人,夏丹费尽了心思,还是没有办法说服她购买自己的产品。

在一次晚会上,夏丹巧遇了那位女经理,心想这是一次难得的机会,就上前与那位女经理攀谈。可是,当晚女经理的心情非常地差,夏丹刚开口,她就将心中的不快迁怒于她,把手中的酒泼在了夏丹的脸上。

要知道,这一举动在公共场合是非常不合适的,更何况那位女经理还是社交场合的名媛。周围所有的人都小声地议论,批评这为女经理的粗鲁行为。女经理也察觉到了自己行为的莽撞,在别人的指指点点中,显得十分尴尬,不知道该怎样收场。

这时候,夏丹突然站出来,对那位女经理说:"这位小姐,非常对不起,刚刚我不小心碰倒了你的酒杯,你要不要紧?"

就这样,夏丹一句话,轻易化解了女经理困窘的局面。

晚会之后,那位女经理给夏丹打电话,让她拿着公司产品的价目表到她的办公室,仅仅一句话,就让夏丹达到了自己一直期望达到的目的。

在社交场合,女人的一举一动都在别人的注目之下,只要一点小小的状况,就能引起周围一片骚乱。这时候,不管你是对是错,先承认错误永远都不会有错。如果真的是你的错,认错让你看起来很真诚,没有人会因为一点小事而对你横加指责;如果不是你的错,你的机智可以化解对方的尴尬,赢得对方的好感,为自己赢得一份友谊或一次机会。

约翰徒步到外地旅行,路经一个小镇,在小镇的广场上,他看到许多小贩在卖食物,其中有一名男子,在卖一种又红又大的水果。经过长途跋涉,约翰的口很渴,所以毫不犹豫地买下了这些很贵的水果。

他才咬了一口,嘴巴就像吞下火球一般,产生灼烧的感觉,眼泪沿着面颊流下,他的脸涨红了,几乎不能呼吸,但还是勉强自己把篮子里的水果塞进嘴里。

一个村民走过来,对他说:"先生,这不是水果,是我们当地特产的一种辣椒,您还是不要吃了。"

约翰终于知道为什么这种水果这么辣了,但他觉得很没面子,于是告诉村民:"我知道这是辣椒,但我很爱吃辣,一向都是把辣椒当水果吃的。"

之后,村民走了,约翰艰难地将辣椒一个一个放进嘴里。

许多女人就像约翰一样,明明犯了错却死不承认,并不停地为自己的错误找借口,一错再错。所有的人都不是傻子,你的狡辩可以敷衍一时,却不能敷衍一世,当他人知道事实的真相之后,会觉得你可耻,品质有问题,是个不可交往的人。这样的员工,老板不敢委以重任;这样的朋友,没有人敢深交;这样的爱人,男人不敢携手一生。

索罗斯说:"犯错误并没有什么好羞耻的,只有知错不改才是耻辱。"人有失足,马有失蹄,女人犯错是不可避免的,只要及时承认,一切都没有什么大不了。敢于承认错误的女人,能够为自己的行为负责;敢于承认错误的女人,懂得如何自爱;敢于承认错误的女人,能够和爱人同甘共苦,相濡以沫。这样的女人,值得深交一辈子。

从一个女人认错的态度中,我们可以看到很多,她的善良、大度、优雅、智慧,都在她承认错误的那一刹那得到了彰显。这样的女人,让人忍不住想要亲近,想要探究,无论她们走到哪里,都像太阳一样充满了光辉。卡耐基说:"任何笨蛋都可以护卫自己的错误,而且大部分蠢人也确是如此。只有承认自己错误的人,才能鹤立鸡群,胜人一筹。"

承认错误的另一好处,就是让女人学会成长。人生就是一个在犯错中跌倒,然后不断改进地过程。女人敢于承认错误,才能真正体味什么是对,什么是错;女人敢于承认错误,心智才能变得成熟,人生的目标才会更加明确;女人敢于承认错误,别人才能真心原谅你的过错。

不要觉得在别人面前承认错误是一件很丢脸的事,智慧的女人知道:退一步海阔天空,没有必要纠缠到底孰是孰非。只要一句"对不起,我错了",

就能化解许多不必要的矛盾,赢得他人的尊敬,尽显自己的魅力,这实在是社交场合女人的明智之举。

站在别人的立场考虑问题

一个男人觉得自己每天都在外面辛苦工作,而老婆却整日待在家中无所事事,心里很不平衡。他希望老婆能够明白自己的不易,于是向佛祖祈求让自己和老婆交换性别。佛祖满足了他的愿望,第二天一早醒来,他发现自己变成了女人,而老婆变成了男人。

起床后,他为家人准备好早点,然后叫醒孩子们,为他们穿上校服,安排他们吃早餐,并装好他们的午餐。送孩子上学回家后,他开始洗妻子和孩子们的脏衣服,然后到超市采购生活用品,回到家,放下东西,还要缴清账单、结算支票本。

忙忙碌碌中,时间过得很快,抬头看表,孩子们快放学了。到学校之后,他发现孩子们在学校和其他小朋友打架了,他又被老师叫到办公室训斥了一番。

回到家之后,他耐心地教导孩子们不要和其他小朋友打架,然后开始削土豆,清洗蔬菜做沙拉,准备晚餐。终于把妻子盼回来了,他又开始招呼妻子和孩子吃晚饭。吃过晚餐后,妻子和孩子径直走到一边看电视去了,而他,开始一个人收拾满桌子的狼藉,洗碗,收拾厨房,叠好洗干净的衣物,给孩子们洗澡,送他们上床,一直忙到深夜。

他拼命坚持了两个月,终于撑不下去了,又向佛祖祈求:"佛祖啊,我实在受不了了,我老婆天天那么辛苦,我怎么就从来没有替她考虑过呢? 求求你,让我们换回来吧!"

佛祖回答说:"我想你已经吃到苦头了,我很高兴让一切恢复原来的样子。"第二天醒来,一切恢复了正常,男人也体会到了妻子的辛苦。

世界上大部分人,都和故事中的主人公一样,眼中只有自己的辛酸和委屈,却看不到别人的痛苦和泪水。每个人都不容易,你有无奈,他人也会有磨难,女人做事,不能只关注自己的利益,要多站在别人的立场考虑问题。换个角度,也许你会发现,他的所作所为,都是情有可原的。

在生活中,我们通常都不愿意和自私的人来往,那何谓自私? 自私就是做人做事只以自己的利益为出发点,根本就不会设身处地地为他人着想。换句话说,自私之人就是不会站在别人的立场考虑问题的人。这样的人,无论走在哪里,都会被人鄙视,被人瞧不起。

司马光和王安石政见不和,常常在朝廷上争得面红耳赤,不过,两人私下却是十分要好的朋友,王安石死后,司马光向朝廷建议将他追赠正一品荣衔——太傅,几个月后,司马光也撒手人寰。由此可见,两人友情之深,非一般人所能比拟。司马光和王安石之所以能跨过政治的鸿沟,是因为两人懂得站在对方的角度考虑问题,知道好友只是和自己的政治立场不同而已,并不是针对个人。

真正的智者,知道有果必有因,人们行事,肯定有自己的考虑。当女人对一些人、一些事看不顺眼的时候,不妨把自己想象成对方,看看和对方调换立场之后,你会做出怎样的决定? 也许,这样你就能放下心中的偏见,看到对方的可爱之处。

如果别人弄脏了你的裙子,看看她不知所措的眼神,你会知道她不是故意的;如果爱人工作太忙没时间陪你,看看他疲惫的身体,你会知道他肩上的担子有多重;如果爸爸狠狠地批评了你,看看他佝偻的背,你会知道"爱之深,责之切"的真理。换一个角度思考,一切都变得不一样了,世界也在刹那间变得十分美好。

一个懂得站在他人的角度考虑问题的女人,会不自觉地向他人奉献自己的爱心,赢得他人的真心。这样的女人,看到路边的乞丐,会感叹他们生活的不易,伸出援助之手;看到同事因为工作左右为难,会主动帮他分担工作;看到成功人士表面无限的风光,会知道他们的成就都是自己辛苦奋斗的结果。这样的女人,宽容、大度、不计较得失,和她在一起,浑身轻松自在。

人与人之间互相宽容、理解、信任,多站在别人的角度上思考,这是人与人之间交往的基础。智者云:"把自己当作别人,把别人当作自己!"设身处地为他人着想,是一种爱护、一种体贴、一种理解、一种宽容。让自己快乐,也让别人快乐,何乐而不为呢?

赞美他人就是抬高自己

有一次,大象获得了狮王的宠信,森林里一下子传开了这个消息。跟平常一样,大家纷纷猜测起来,大象既不漂亮,又不讨人喜欢,更谈不上什么风度仪态,它凭什么能够得到这份恩宠?

"要是它有条蓬松轻软的尾巴,那我就不会感到奇怪了。"狐狸转动着自己的尾巴说道。

"可能它是因为一对长牙而得宠的吧?恐怕是人家把它的牙当成角啦!"一头公牛出来插嘴说。

"它用什么来得到人家的青睐,用什么来达到它显贵的地位,我一眼就猜得出来,没有那对长耳朵,它就无法获得狮王的恩宠了。"驴子扑扇着长耳朵说道。

赞美就像一根线,牵引着赞美者和被赞美者两个人。通过赞美,我们可以对被赞美者有所了解,也可对称赞者可窥一斑。真正聪明的人,在赞美他人的同时,也不留痕迹地抬高了自己。

当女人在别人面前满脸幸福地称赞自己丈夫的时候,别人会认为她有眼光,挑了一个好丈夫;当女人真诚的称赞朋友样貌出众的时候,朋友会打心底里认为你是一个不会嫉妒的好人;当女人在上司面前称赞某位同事业务能力很强的时候,上司会认为她是一个拥有豁达胸襟的好员工。当你赞美他人的时候,实际上也是在他们面前展示自己的风度和高贵的品质,这样的女人,令人敬佩,惹人怜惜。

没有人不喜欢得到他人的肯定和认可。而且从心理学的角度讲,赞美还是一种非常有效的交际手段。因为渴望获得别人的赞美是人类最基本的天性之一,它可以把人与人之间的心理距离拉得更近。对于女人来说,学会巧妙地赞美别人,不但可以有效地提升我们的人际关系,不知不觉当中赢得别人的好感,为我们的形象加分,而且还会获得许多愉快难忘的情感体验。

有一个父亲,在儿子 8 岁的时候为他买了一架钢琴,但是儿子太顽皮好动了,不好好学习弹钢琴。儿子的妈妈常常为此训斥儿子,然而一点也起不了作用。于是,父亲便开始想办法如何让儿子喜欢弹钢琴。

有一天下午,当儿子为了应付父母,随便弹了一段曲子正要溜时,父亲叫住他说,"儿子呀,你弹的是什么曲子,怎么这样好听,爸爸从来没有听到过这么美妙的音乐,你再给爸爸弹一遍吧。"儿子听了之后非常高兴,愉快地又弹了一遍。父亲又鼓励他弹了一些其他曲子,并告诉儿子自己喜欢听他弹的曲子,问他可不可以每天都弹一些,儿子很高兴地就答应了下来。

只用了一个多月,父亲便培养起了孩子弹钢琴的兴趣。每天放学回家,儿子第一件事就是要弹钢琴,天天如此,雷打不动。

后来,儿子在一次钢琴比赛中得了一等奖,人们在夸奖儿子有才的同时,也赞叹父亲教子有方,儿子就读的学校还邀请父亲到学校讲座,向家长传授教育孩子的秘诀。

人活在这个世界上,除了面包大米之外,还有很多的需求,比如说所有人都希望能够得到他人的赞美。由衷的赞美,是人生中最令对方温暖却最不令自己破费的礼物,做一个懂得赞美他人的女人,你也可以收获很多。

已卸任的福特汽车公司总裁皮特森就有习惯每天写纸条称赞员工的做法。他说:"作为管理者,每天最重要的十分钟,就是你花在鼓励员工方面的时间。"俗话说,"士为知己者死"古代的荆轲受到燕太子丹赏识,明明知道将死也很乐于为他刺杀秦王。和荆轲刺秦王的道理一样,因为皮特森的赞美,员工的积极性得到了极大地提高,信心也不断增强,从而创造了更好的利润,使福特公司的事业更加成功。

不要以为赞美别人是一种付出,从"生命能量"的观点来说,这其实是一种能量的转换,对别人赞美的时候,你已经获得了更多的力量。你从嘴里吐出字字赞美的话,一如粒粒珍珠,挂在胸前,令你喜悦,光华耀眼。

赞美别人就是抬高自己,学习用收藏家的眼光,看见别人看不到的优点。接受赞美的一方,会因为你的细心与体贴,觉得温暖而感动! 女人要想抬高自己,就要首先学会赞美他人,让他人因为你的赞美而愿意为你掏心挖肺,为你的事业而全力奋斗,为你的幸福倾尽所有。

现在起,请你在日常生活中练习赞美别人,不论对象是你的亲友还是有礼貌的公车司机,不论是你的上司还是认真负责的清洁工人……所有的人都值得你给予由衷的赞美。记住:赞美他人,就是在抬高自己,肯定自己,成就自己。

谈论他人感兴趣的话题

每个女人都渴望得到他人的欢心,但又有不少人不停地抱怨:与人沟通是一件非常困难的事。她们总是很努力地去寻找一些话题,但得到的回答却是:"对不起,我对你所说的事情一点都不感兴趣。"

滔滔不绝地说话不叫沟通，只有双方你一言、我一语有来有往，良性互动，透过言语加深对彼此的了解，使彼此的距离靠得更近，有更多的共同话题可以讨论，这才是真正的沟通，也才是有意义的沟通。

现在很多大学生去应聘的时候，都会搜集大量相关单位的资料，先做一番了解，这样才会提高命中率。有一个女孩去某单位应聘的时候，单位领导觉得各方面条件都还不错，已经同意她第二天来上班了，谁知在临走的时候，她竟然把单位名字说错了，到手的工作就这么飞了。可见，一定要深入了解别人的相关信息，这样我们在跟别人交谈的时候，才不至于闹出笑话。

曾任费城市长的彼得·迈考尔十分有趣，该州州长彭尼珀克曾这样说过："如果前来拜访的客人并不健谈，甚至是木讷的，他也能在交谈中广泛地涉及众多话题，直到能找到这种客人感兴趣的话题为止。"

很多女人在与人交谈时，总是喜欢滔滔不绝地谈论自己，根本不给别人插嘴的机会。她们抱着一个非常幼稚的想法——希望借此来吸引他人的目光，使人们对她青睐有加。但实际上这是一种十分错误的做法，这种做法不仅不能使他们之间的关系有丝毫进展，还会令对方对她产生厌恶之情。

要成为社交的高手，就要紧紧围绕他人感兴趣的话题。把话说到他人的心坎上，是一种高超的语言技巧。俗话说：话不投机半句多，言逢知己千句少，与人交谈时要"投其所好""避人所忌"，让美好动听的语言走进对方的心田。

萧华是一位保险促销员，一次，他去拜访一位大客户，某公司的经理赵先生。见面之后，萧华先对自己公司的险种做了大体说明，但是在听的过程中，赵先生几次哈欠连连。

就在这时，萧华发现赵先生背后的书橱里放着许多关于《论语》方面的书，并且办公桌的案头也有一本《论语》。于是萧华眼前一亮，说："赵先生是不是对中国的古典文化非常感兴趣，尤其是《论语》，您应该有高妙的见解吧？"

本来昏昏欲睡的赵先生听到萧华谈到《论语》,一下又有了精神,说:"嗯,我对《论语》非常感兴趣,对于丹讲的《论语》有的地方是赞同的,有的地方也是有保留意见的。"

萧华顺势说:"其实,我也看过'百家讲坛'于丹讲的《论语》,但是我研究不多,听不出她讲的还有不对的地方! 如果有时间还希望赵先生您能不吝赐教。"

赵经理马上被吸引了过来,一下子有了兴致,和萧华讨论开来。最后,不仅保单顺利地签了,萧华还和赵先生成了好朋友。

故事中的萧华之所以能顺利签单,根本原因就在于他善于抓住赵经理感兴趣的话题,通过观察赵经理办公室的书橱,发现赵经理喜欢看《论语》,然后投其所好,先跟赵经理聊《论语》,最后不但和赵经理成为了朋友,而且顺利地拿下了单子。

所认,在和人交往的过程中,女人千万要记住一点:多谈论别人感兴趣的话题。通过观察对方,迅速找出别人的话题兴奋点,这样才会有效地达到我们预期的目的。

如果对方喜欢时尚,那你就可以以时尚为话题展开和他的沟通;如果对方对经商感兴趣,那你不妨把自己表现的像一个有睿智眼光的同路人;如果对方崇尚旅游,你不妨和他分享一下你的旅游经历。就对方感兴趣的话题展开讨论,能够瞬间拉近你们的心理距离,让他对你有一种相见恨晚的感觉,并期待着与你的下次交谈。

打动人心的最佳方式是,跟他谈论他最感兴趣的事情。当女人这样做时,不但会受人欢迎,也会使生命获得扩展。在谈话中,只有将话题引到对方感兴趣的方面,让对方主导这场谈话,我们才能避免在人际交往中经常会遭遇的麻烦,达到主宾皆欢的效果。女人只要善于谈论他人感兴趣的话题,就能轻易地碰到他人的痒处,使事情按照自己希望的方向发展,从而成为社交的宠儿。

争论中没有赢家

林肯曾经教育一位与同事发生冲突的年轻军官,说:"一个成大事的人,不能处处计较别人,消耗自己的时间去和人家争论。无谓的争论,对自己性情上不但有所损害,且会失去自己的自制力。在尽可能的情形下,不妨对人谦让一点。与其跟一只狗同路走,不如让狗先走一步。如果给狗咬了一口,你即使把这只狗打死,也不能治好你的伤口。"

的确如此,当我们用食指指着别人的时候,剩余的四个手指往往正对着我们自己。就算我们口才好,争论的时候占了上风,赢了,但却永远也得不到对方的好感,没有人会喜欢给自己难堪的人。天下只有一种能赢得争论的办法,那就是避免争论,因为争论中没有赢家,赢了也是输了。

在进行辩论时,你或许是对的,永远对的,但你将得不到任何东西,你只是口头上占上风而已,并没有改变别人的观点,谬论永远是谬论,真理还是真理。因此,与人争辩,实在没有任何实际意义。

1981 年,被称为"成本屠夫"的王永庆为了节省 PVC 原料的运费,决定成立一支船队,直接从美国和加拿大运回 PVC 原料,所以需要采购一批化学运输船。

章永宁是当时中船公司的董事长,他意识到如果能够争取到这次的订单,那就证明中船具有承造要求极其严格的化学船的能力。于是,章永宁与其他九家知名的造船公司展开了激烈的竞争。在十家公司竞标时,中船并非最低标价,但是在议价时,中船为了取得订单,一再忍痛降价。双方讨价还价,眼看就要成交,最后王永庆希望中船能将价格的零头——50 万元去掉。

章永宁听后欲哭无泪,中船经过几个月的千辛万苦,价格已经到了赔本的地步,王永庆还要压价。章永宁虽然悲愤交加,很想痛诉王永庆一番,但是还是忍痛和气地说:"王董事长,我们还是好朋友,这笔生意我不做了,我不能对不起我的员工。"没想到王永庆感动之余,还是把造船的订单给了中船。

章永宁之所以能获得特大订单,最重要也是首要的一条就是:在整个谈话过程中,即使王永庆的要求非常过分,他也一直没有争论,避免了与王永庆的正面冲突,从而一举中标,中船也因此一战成名。

诗人波普说:"你在教人的时候,要好像若无其事一样。事情要不知不觉地提出来,好像被人遗忘了一样。"在争论中没有赢家,因为如果你失败,你就失败了;如果你赢得争论,却失去了朋友,所以,你还是失败了。女人不妨好好权衡一下:你是想得到表面上语言的胜利,还是想赢得朋友?二者很难同时得到。在进行辩论时或许你是对的,但在改变对方的思想方面,就是你对了,也和不对一样,毫无建树。

女人必须要知道,当人们逆着自己的意见,被人家说服时,他仍然会固执的坚持自己是对的。所以,如果你要让对方同意你,你就要谦和,避免争论。千万不要一上来就宣称:"我要证明给你看。"那等于是说,我比你聪明,我要让你改变想法。没有人会喜欢被证明是错的感觉,天下只有一种方法,能得到辩论的最大胜利,那就是尽量避免辩论。避免辩论,就像避开毒蛇和地震一样。

做到以下几点,可以有效避免争论:

1. 控制好自己的情绪。听对方把话说完再下结论,不要点火就着,让别人觉得我们沉不住气。

2. 欢迎不同的意见。因为那些不同的意见,往往能给我们更多的参考的提示,所以,对提出异议的人应该衷心感谢,因为他使我们避免犯错。

3. 不要想当然。不要太相信自己的直觉,弄清楚事情的缘由再说,凡事一定要心平气和,先入为主往往使我们太过于相信自己,而忽略了真正该注意的地方。

4.学会聆听。就算是我们的意见再怎么天衣无缝,也要给别人说话的机会,听别人把话说完,学会倾听不同的意见,增进了解。

5.异中求同。找出跟对方相同或者相近的地方,这样再沟通起来就会容易得多。

6.知错就改。谁都有犯错的时候,所以当发现自己错了的时候,一定要勇于承认,这样才利于双方的进一步交流。

7.多参考反对意见。认真考虑反对的意见,排除一切不利因素,这样我们成功的几率才会更大一些,不要到了最后让别人说我们不听劝。

8.由衷地感谢那些提出反对意见的人。记住,别人如果不关心不在乎我们,根本不会管我们在做什么,虽然反对意见对我们来说是阻力,但还是感谢那些对我们提出异议的人,无论如何,他们也是为我们好。

9.给对方一个空间。尽量能争取对方的同意和谅解,而不要使事情恶化。

给别人说话的机会

一家大型汽车工厂正在接洽采购一年中所需要的坐垫布。三家有名的厂家已经做好了样品,并接受了汽车公司高级职员的检验,然后,汽车公司给各厂发出通知,让各厂的代表在汽车公司的董事会上作最后一次的竞争。

金博是其中一家厂商的代表,他到达汽车公司之后,和其他两家厂家的代表一同被引进到会议室。轮到自己的时候,他没有向其他两家厂商的代表一样夸夸其谈,夸赞自己工厂的样品,而是很有礼貌的询问总经理对他们工厂样品的意见。

总经理先是一惊，然后很高兴地陈列出金博带来的样品，并称赞它们的优点，引起了在座其他人的活跃讨论。在整个讨论过程中，那位经理一直替金博说话，而金博却只是微笑和点头。

后来，金博得到了那笔合同，汽车公司定做了 50 万码的坐垫布，价值1000 万元，这是金博有史以来得到的最大的订单。

金博能够赢得这批订单的诀窍是：给别人说话的机会。这一招显然很有效，不仅得到了总经理的好感，并使他在不知不觉中成了金博的帮助者。或许，金博原来的思路和这位总经理的说法是大相径庭的，但作为公司的决策者，他的观点在很大程度上代表了公司的观点，而作为公司的总经理，他说的话显然比金博的话更有说服力。在会议室的沉默，为金博赢得了丰厚的利润。

倾听往往比说话更重要，一定要给别人说话的机会。很多人在心里有事，或者心情不好的时候，都愿意找别人倾诉，其实他们并不是不知道事情该怎么办，就是想把心里的委屈说出来，这样才会感觉舒服一点。给别人说话的机会，让别人觉得自己很重要，这才是真正的交往之道。

很多人在与人交谈时，总是采取一种错误的策略：说话太多，不懂得收敛。这种人，发表欲极其强烈，只要有机会说话，便会口沫横飞，不知道适可而止。要知道，每个人在内心深处都有一种表达自己的强烈愿望，在交谈时，他们更愿意你讲述自己感兴趣的事情，而不是一味的听你讲述。在交际时，讨人欢心的最好方法就是给别人说话的机会，至于自己，要学会做一个善于倾听的观众。

如果你不同意他人的意见，你或许想阻止他，但最好不要这样，这样做没有什么效果。当他人还有许多意见要发表的时候，他是不会注意你的。所以最好忍耐一下，以一颗开放之心认真倾听他人的讲话，并诚恳地鼓励他完全发表自己的意见。

美国南北战争最糟糕的日子,林肯写信给伊里诺斯州的一位老朋友,请他到白宫来,说有一些问题要同他讨论。这位旧友来到白宫来之后,林肯跟他谈了好几个小时,探讨关于发表一个声明解放黑奴是否可行的问题。林肯一一检视了这一行动可行与否的理由,然后把一些信和报纸上的文章念出来。他说了数小时之后,就和这位老友握手说再见,甚至都没有询问他的意见。那位老朋友说:他在说过话之后,似乎觉得好受多了。

当一个人心情极度郁闷的时候,他所需要的,不是一个滔滔不绝和自己讲大道理的人,而是一个给自己机会说话,让自己将心中的烦恼一吐为快的听众,许多亲密无间的友谊,就是这样建立起来的。给他人一个说话的机会,你会在不知不觉中走进对方的心里,成为对方烦闷时愿意倾诉的对象,而在你需要帮助的时候,他也会竭尽全力帮助你。

孔子曰:三人行,必有我师。给别人说话的机会,你就可以在他的言语中了解他的性格,从他的人生经历中得到启示,在他对事物的不同看法中开阔视野。做一个好的听众,你在隐藏自己的同时将对方看得真真切切,收获远远大于失去。

男人总说女人烦,因为女人话多,剥夺了他们说话的机会。一个善解人意的女人,知道给男人说话的机会,尽自己最大的努力满足他说话的欲望。这样,女人就能做男生身边惹人怜惜的小鸟,让他心甘情愿用自己宽广的胸膛,为你遮风挡雨。

如果女人懂得把时间让给别人,并且默默地专注地聆听,那么,他肯定会有一个良好的感觉,那就是,你认为他很重要。明白这一点,在人际关系中,女人便可以赢得他人好感,成为一个永恒的胜利者。在一定程度上,给别人说话的机会,就是给自己机会。

委婉含蓄胜过口若悬河

英国思想家培根说过："交谈时的含蓄与得体，比口若悬河更可贵。"在言谈中，有驾驭语言功力的人，会自如地运用多种表达方式。委婉含蓄比口若悬河表达效果会更佳，但也更需要多动脑筋，它是一种语言修养，也是一个人智慧的表现。

直截了当地指出他人的错误，很有可能会伤感情，但是委婉含蓄的批评方式，在照顾他人心理感受的同时，也达到了自己的想法。讲话要注意方式方法，而委婉含蓄的讲话方式，是一种艺术，也是一种智慧，它可以不留痕迹的让对方领会自己的意思，达成共识，甚至瞬间拉近彼此的距离。

有一次居里夫人过生日，丈夫皮埃尔用一年的积蓄买了一件名贵的大衣，作为生日礼物送给爱妻。当她看到丈夫手中的大衣时，爱怨交集，她既感激丈夫对自己的爱，又要说不该买这样贵重的礼物，因为那时试验正缺资金。她婉言道："亲爱的，谢谢你，这件大衣确实是谁见了都会喜爱的，但是我要说，幸福是要看内涵的，比如说，你送我一束鲜花祝贺生日，对我们来说就很好了。只要我们永远一起生活、战斗，这比你送我任何贵重礼物都要珍贵。"这一席话使丈夫认识到花那么多钱买礼物确实有欠妥当。

有些女人在指出他人错误的时候，总是习惯于口若悬河式的说教，她们怕自己的话不能引起对方的注意，甚至还会犯同样的错误，或者不唠叨几句，她们心里的那股怨气就没办法平息。但实际上，这种批评方式，很容易冒犯他人。轻度的冒犯会惹人不高兴，使得人际关系变得疏远；而重度的冒犯不但伤及人的面子、自尊，甚至会让人产生报复的心理，为日后埋下隐患。

美国著名的政治家富兰克林年轻时，喜欢在公共场所大放厥词，高谈阔论,是属于彻底打击对方的典型。因为他的言辞到处伤人,时日一久,就没有人愿意倾听他的高论了,但他发觉众人都在回避自己时,立即检讨自己的错误,改变了说话的语气。

后来,他改变了自己说话的方式,采用了委婉的说话语气,如此一来,他的语锋不再锐利刺人了,大家也能平心静气地接受他的议论。从此,他在政坛上也开始平步青云了。

说话方式不当,不仅使自己在交际场合受人排挤,也会影响自己事业的发展。倘若你现在的人际关系正处于一片混乱当中,那你应该好好检讨一下,是不是自己说话方式不对,无意中得罪了别人。如果是,一定要尽快改正,否则你很快就会自食恶果。

女人会说话才可爱,口若悬河从来都不是令人信服的方式,委婉含蓄才能看出一个人的智慧。说话委婉含蓄的女人,总能适时体会他人的心情,成为一个善解人意的好女人,更容易得到男人的青睐。那么,女人如何让自己的语言变得委婉含蓄呢?

1. 讳饰式委婉法

就是对所表达的意思加以避讳,因为有些话我们直接说出来会让别人觉得很难堪,如对那些生理上有缺陷的人,我们一般不直接说人家是哑子,还是傻子,而是委婉地说:说话有障碍,智障。这样别人听着舒服,也显得我们有修养。千万不要口无遮拦,伤害了别人的自尊不好,还会引起他人的反感。

2. 曲语式委婉法

通常用在有些不愿或者不好回答的问题上。有些时候,当我们无法确定对方的态度时,说话就要适当地委婉一些,用商洽的语气和婉转的语言来表达自己的看法。这样,不但会让对方觉得我们很尊重他,而且还不至于引起误会。在很多场合,这种曲语式的委婉都可以收到很好的效果。

3. 借用式委婉法

当我们不便当面反驳对方,表达自己的反对意见时,便可以通过借用某些已知的事物,适当地打个比喻,利用某些具有形式特征的事物来说话,既不伤对方的面子,又可以让对方明白我们的意思。林肯在面对每天送到他面前的官样报告时,就曾说过一句话,说他并不想知道马的尾巴上有多少根毛,只想知道马的特征。其实就是用了借用式的委婉法,借马尾巴上的毛来批评报告过于繁琐,没有重点。这种说法让人听上去不那么刺耳,这就是委婉的作用。

第 12 章
做好职场规划才能成功

　　职场如战场，在这个硝烟弥漫的世界里，女人要想站稳脚跟，需要付出很多很多。女人在职场上驰骋，必须有清晰明了的规划，毫无目的，无头苍蝇似的乱转，只会赔了自己的青春，增添人生中无谓的磨难。成功从来都青睐于有准备的人，只要自己小心谨慎，步步为营，相信女人一定可以做职场上的枭雄，站在人生的顶点傲视脚下所有的风景。

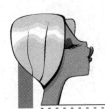

女人，认识你的职业优势

尽管齐珊性格内向，不爱讲话，但她大学毕业的时候，还是选择了一份销售的工作。她本意是想锻炼一下自己的能力，认为只要努力，自己是可以适应这份工作的。可一段时间之后，她的销售业绩仍然是零，这给了她很大的压力，也迫使她不得不开始反思自己是不是适合销售的工作。

思来想去，齐珊决定放弃现在的工作，重新规划自己的职业蓝图。齐珊在大学时读的是中文专业，是学校里小有名气的才女，有不错的写作基础。而且在大学的时候，她还在报社实习过一段时间，有一定的新闻从业经验。根据自身的条件和优势，她在一家报社找了一份记者的工作。

凭借自己深厚的文学基础和以前在报社实习的经验，齐珊很快就适应了记者的工作，她的名字一次又一次地出现在了报纸上，工作能力也得到了报社领导的肯定，这使齐珊很快恢复了在销售行业中丧失的自信。她相信，自己这次绝对没有入错行。

以前流行"男怕入错行"的说法，现在，随着女性踏入职场数量的迅速增长，她们似乎比男性更怕入错行。很多职业女性，曾都为自己入错行而黯然神伤，懊悔人生的青春岁月没有找对方向。

女性在初入职场的时候，一定要对自己有全面、客观、深刻的认识，根据自己的优势选择适合自己的领域，绝不能回避缺点和短处。这样，你工作起来才会更加得心应手，才能更早地登上成功的巅峰。

马克·吐温作为职业作家和演说家，取得了极大的成功。但很少有人知道，他在企图成为一名商人时栽了不少跟头，吃尽了苦头。

马克·吐温曾投资开发打字机，可是却赔掉了五万美元。后来，他看见出版商因为发行他的作品赚了大钱,心里很不服气,也想发这笔财,于是开办了一家出版公司。然而,经商与写作毕竟风马牛不相及,马克·吐温很快陷入了困境,出版公司也破产倒闭,马克·吐温本人也陷入了债务危机。

经过两次打击,马克·吐温终于认识到了自己毫无商业才能,于是断了经商的念头,开始在全国巡回演说。这回,风趣幽默、才思敏捷的马克·吐温完全没有了商场中的狼狈,凭借写作和演讲还清了所有的债务。

选择一个对自己有利的职业以求得自身更好的发展,是每个人的良好愿望,也是实现自我价值的基础,但很多人却在这个环节下错了赌注,误入了一段"歧途"。人类经常对事物抱着一种美好的幻想,凭着自己的主观想法草率地进入一个自己并不适合的行业。等到在这个行业中栽了跟斗,撞破了头,才不得不承认自己当初的选择是错误的。

女性在家庭中扮演的角色,决定女人为事业拼搏的时间有限。所以,她们更加承受不起"误入歧途"的代价。女性在选择职业的时候,一定要谨慎谨慎再谨慎,选择自己有比较优势的行业,使自己在有限的时间内作出一番成就。

自古男女有别,男性和女性的生理和心理特点都有所不同,在职业生涯中也就形成了一定的优势和劣势。近年来,国内外的许多研究都显示出,女性从业有诸多优势,这些优势特征使职业女性越来越成功,并被社会各界所认可。

格力老总董明珠认为,自己在职场上的成功与能力有关,其中女人特有的细腻让她在解决问题时更具有针对性,更容易快速准确地解决问题。此外,这种细腻还能够帮助她时常发现一些男同事容易忽略的问题。

美国加州大学心理学教授哈尔彭的研究表明,女人在语言应用方面与男人相比有明显的优势。这种语言应用的性别差异在早期表现为女孩会说话比男孩早,使用词汇量比男孩更多,且会组成更为复杂和灵巧多变的词句。

此外,女性还是沟通的高手,她们比男人更善于微笑、直视对方或与别人更近地坐在一块或站在一起;女人通常较少打断别人的谈话,且更易对别人的笑话和幽默表现出愉悦的神情;即使与对方持有不同的看法,女性也会比较委婉、恰当地表达自己的异议。这些优势,使女性在社交场合备受欢迎。

"垃圾是放错了位置的宝藏",垃圾尚且如此,更何况是人呢? 每个人都有自己的强项所在,只要放对了位置,就一定能够发光发热。女人,一定要认清自己的职业优势,选择适合自己的行业,相信只要进入真正适合自己的行业,其表现一定会令男人大吃一惊。

"野心"是女人成功的基础

很多人一直视野心为毒蛇猛兽,在他们看来,女人只要有了野心,就会不择手段,做出许多令人咬牙切齿的事情。但今天,"野心"已经不再是女人难以启齿的话题,而是女性进入职场后大声疾呼的口号。在现代社会,"野心",是成功的基础,是成功的先决条件。

曾经在杂志上看过一个小故事,说有一个富翁临死之前出了一道题目,问:穷人最缺少的是什么? 并且留下遗嘱,答对题目者可以得到他全部的遗产。消息被一家报纸刊登后,一时间,写着答案的信件像雪片般从四面八方飞过来。有人说穷人最缺少的是钱,有人说穷人最缺少的是机会。最后只有一个8岁的小女孩答对了,她的答案是:穷人最缺少的是野心。因为她姐姐经常警告她,不可以有野心,所以她认为野心是世界上最了不起的东西。的确,我们之所以是穷人,是因为我们没有成为富人的野心,之所以还没有成功,是因为缺乏成功的野心。

有野心未必成功,但没有野心是万万不会成功的。心理专家研究显示,"野心"是获得成功的关键要素。女人有了"野心",就证明她具备常人所没有的能力;有了"野心",她就会在生活与工作中充满斗志;有了"野心",她才敢于接受各种挑战;有了"野心",她才更有可能先于他人抵达成功的彼岸。

梵妮最初在《华尔街日报》波士顿分局就职,有一天,公司派遣她去纽约做分局的局长。这是个绝佳机会,她可以因此承担更多的责任,完成更多的工作,可是,梵妮却显得有些犹豫不决。当时,报社从来没有过女性分局长,这对梵妮而言无疑是一个极大地挑战。而且,梵妮的丈夫在波士顿做律师,有可观的收入,她对自己现在的工作也比较满意,从没想过要在事业上取得多大的成就。经过再三考虑,梵妮拒绝了公司的派遣。

后来,她如此写道:"我太害怕冒险,我太害怕失败,太过担心婚姻生活出现问题,因此,我不是很有野心的人。"

梵妮做出决定之后,公司觉得她是那种给了机会却不敢接受挑战的人,而且畏惧变化,这使梵妮的事业前景受到了严重的打击。公司对梵妮失去了兴趣和关注,梵妮再也没有得到过任何升职或加薪的机会。

拿破仑说"不想当将军的士兵不是好士兵",这句话一点错也没有,士兵不想当将军,就不会在战场上奋勇杀敌,屡立战功,军队也不会打胜仗。谁都想成功,但成功对于一心只想相夫教子,心甘情愿做家庭主妇的女人而言,无疑是天上的月亮,可望而不可即。

著名女星范冰冰,集演员、歌手、制片人、老板多种身份为一身,如此多的头衔早已不是天王天后之名所能承载的。在她的一路蹿红的过程中,我们总能轻而易举地看到她的野心,对此,范冰冰毫不避讳地说:"我觉得每个人做事都应该有野心。有人喜欢讲淡泊名利,我认为是这个人比较懒,他不过是给自己的懒惰找了个借口。"

国王有了"野心",就会勤政爱国,广纳贤才,使他的臣民安居乐业,永享太平;穷人有了"野心",就会不断拼搏,拼命进取,凭借坚持不懈地努力改变自己和家庭的命运;员工有了"野心",就会对工作尽忠尽责,对同事团结友爱,为公司赢得更多的利润。每个人都有自己成功的目标,在通往成功的路上,"野心"会给你无穷的精神动力,让你更早到达成功的彼岸。

当然,女人的野心要适可而止,过度的野心会使女人被嫉妒、仇恨、心机所控制,为达目的不择手段,做出害人害己的事情。这样的女人没有任何幸福可言。我们所提倡的"野心",是光明正大地与人竞争,是以实力令人心服口服的众望所归。

"野心"还有另一个名字,叫抱负。一个人有远大的抱负,这难道是错?一个人想成就一番大业,这难道不是好事?"野心"是女人成功的基础,如果连这都没有的话,那成功就无从谈起。想成功,就从现在开始,做一个有"野心"的女人吧。

适当的压力等于动力

上司对自己的工作表现不满意,每月一次严格的业绩考核,办公室中同事的笑里藏刀……身在职场,压力无处不在。面对压力,有些人,选择做缩头乌龟,逃避眼前的一切;有些人,却选择变压力为动力,在工作中迎难而上,成为职场中的佼佼者。

著名心理学家罗伯尔说:"压力如同一把刀,它可以为我们所用,也可以把我们割伤,关键看你握住的是刀刃还是刀柄。"那些勇于承担责任,喜欢挑战压力的人,握住的就是刀柄,尽管辛苦,却能够得到命运的垂青,走在世界的前沿,活出属于自己的精彩。

许静在一家公关公司做公关经理,工作认真负责,表现优异,负责举办了几次很大的活动,深得老板的信赖。但是,工作的巨大压力,也把她压得有些喘不过气来。

有一天,老板告诉许静,有一名国际知名的珠宝设计师要举办一次珠宝设计展,这是一个很重要的活动,到时候所有的名门望族、成功人士都会参加,而公司就负责这次活动的公关工作。

老板说,这次活动对公司的发展至关重要,他希望许静能全权负责这次活动的公关工作。如果这次活动举办成功,公司就会为她升职加薪,但如果她做不好,就会被公司辞退。考虑到这次活动所承受的巨大压力,老板让许静自己选择是不是要负责这次活动。

许静陷入了两难的境地,她想负责这次活动,因为做好的话前途不可限量,但她又害怕自己做不好,到时候自己在公司多年的努力就会功亏一篑。思来想去,她还是决定采取最保守的做法,向老板表示自己能力有限,不能胜任这次的工作。

后来,公司的另外一位女同事听说了这件事情,就主动找到老板,要求承担这次的活动。工作的压力不仅没让她退缩,反而激发了她的潜力,那次活动举办得非常成功,那位女同事从此扬名整个公关行业,得到了老板的重视,成为了许静的直接领导。

每天看着那位女同事在公司春风得意地工作,许静就后悔不已,恨自己懦弱,不敢承担压力,结果错失了良机。

心中有所期盼,压力才会应运而生,那些让你感到有压力的事情,其实正是你内心深处真正渴望得到的东西。一味地选择逃避,你的内心期盼就一辈子不能成为现实,它会像一块沉重的石头,重重地压在你的心底,让你感觉快要窒息。这时候,解救自己的唯一办法,就是变压力为动力,努力实现自己心中所想,让心灵在梦想实现的过程中得到最大的满足。

面对压力,抱怨、逃避无济于事,战胜它的唯一方法,就是变压力为动力,让压力不再是压力。我们大家都知道,对于自己擅长的领域,你做起事来根本就不费吹灰之力,而对于那些你感到陌生甚至一无所知的领域,一点小事也可能让你痛苦难耐。压力，其实就是你能力有待提高的证明，如果你的能力达到了一定水平，曾经招来你三千烦恼丝的棘手事情，会成为你茶余饭后一笑置之的人生趣事。

在非洲的大草原上，每当太阳升起的时候，都会出现这样的一幕：在出发前，狮子妈妈和羚羊妈妈都再三提醒自己的孩子，必须跑快一点，这样狮子才不会因为抓不到猎物而被活活饿死，羚羊才不会因为跑不过敌人而被吃掉。小狮子和小羚羊从小就在压力中长大，为了能活下去，它们必须每天都比昨天跑快一点，才不至于被饿死或吃掉。

弱肉强食从来都是千古不变的真理，有时候，逃避压力就意味着放弃生命。逆水行舟，不进则退，一味的逃避压力，其实就是人生的退化。在你停滞不前的时候，那些变压力为动力的人，早已以火箭般的速度将你远远地落在了后面，他们的生活变得越来越轻松，而你则在更大的压力面前找不到属于自己的位置，虚度青春，白白在人间受苦。

很多成功人士在有所斩获之后，都会把取得的成就归功于自己的对手。的确，没有压力就没有动力。有些时候，我们只有比对手更强大，才能生存下去，所以，为了不被对手消灭，我们不得不逼着自己去做自己以前想都不敢想的事情，使出浑身解数，激发出自己最大的潜力，把事情做到最好。久而久之，我们的能力就会越来越强。所以说，是对手的压力成就了我们。

对手总会给你带来压力，但这些压力却可以变为你前进的动力，成为你成功的催化剂。我们在取得人生辉煌的时候，也应该感谢那些生命中的磨难，感谢生活的不幸给我们带来的巨大的压力，永远生活在安逸的环境当中，你根本就不可能知道何为成功，何为真正的满足。

聪明的人知道，压力是上天送给自己的最好礼物，是自己进步的机会。每抓住一次机会，女人的能力就会得到进一步地提高，生活也变得更轻松一些。压力不是人生的磨难，而是根治磨难最苦的良药，有了这剂良药，可以将生命中所有的不可能都化为可能。

在最短的时间内做到"优秀"

夏欣大学毕业不久,就在一家韩资企业找到了一份行政工作,每天按时上下班,没事的时候和朋友一起看场电影,喝杯咖啡,生活过得有滋有味。可是,过了一段时间之后,她就主动要求调到宣传部。宣传部工作辛苦,压力大,还经常加班,待遇却和行政部差不多,对于夏欣的这一举动,公司很多同事都觉得不可思议。

在宣传部门工作两个月后,夏欣又申请调到技术部,之后又调到研发部……就这样,夏欣先后在公司所有的部门走了一圈,对每个部门的工作都了如指掌。当某个部门人手紧缺的时候,领导首先就想到由夏欣暂时替补,就这样,夏欣在公司中有了不可取代的地位。

后来,在全球经济危机的大环境下,夏欣所在的公司要进行裁员,很多业务精湛的员工都失去了工作,而夏欣却被留了下来。

再后来,公司有个主管的位置空缺,这时候,董事长理所当然想到了夏欣,将她提拔为部门经理。就这样,夏欣在最短的时间内做到了优秀,并成为公司最年轻的部门经理。

每一个初入职场的人,都希望尽快升职、加薪,在最短的时间内做到优秀,可是大部分人却在职场中碰了一鼻子灰,被同事打击,被老板批评,感觉自己前途一片渺茫。种种的磨难和不愉快,使他们渐渐对工作失去了兴趣,充满了恐惧,每天上班就像上刑场一样煎熬。长此以往,他们的工作状况不仅没有得到改善,反而一直处于职场的边缘位置,时刻有被辞退的危险。

那些在职场上长期奋斗却依然得不到重视的女人可能会想:我才能平庸,没有社会关系,机遇也从不青睐于我,这些都是影响我事业的原因。其实,只要你是金子,无论到哪儿,都会发光的。如果你不能在职场上发光发热,不是因为你才能平庸,也不是因为你没有社会关系,更不是因为机遇没有青睐于你,而是因为你没有尽自己最大的力量,没有在工作中做到最好。

在最短的时间内在做到优秀,女人就要真心实意喜欢自己的工作。在现代职场中看,女人碰到自己喜欢的工作的概率不足万分之一,在这种情况下,女人不能因为这不是自己喜欢的工作就对它心生厌烦,而是尝试喜欢它,并真心地爱上它。作为两家世界500强公司的创办者,日本经营大师稻盛和夫说:"与其寻找自己喜欢的工作,不如先喜欢上已有的工作,脚踏实地,从眼前开始。"爱上你的工作,你才能将满腔热情融入其中;爱上你的工作,即使加班你也不会觉得辛苦;爱上你的工作,成功与你就只有一步之遥。

在最短的时间内做到优秀,女人还要做处理人际关系的高手。在职场中行走,犹如在海中航行,拥有良好的人际关系,你就犹如在顺风中行驶,一路轻松自在,反之,你则犹如在逆风中艰难前行,稍不注意,还会阴沟里翻船。妥善处理人际关系,女人就要学会换位思考,从对方的角度考虑问题,替对方着想;妥善处理人际关系,女人就要学会平等待人,将不强求人作为自己行事的金科玉律,"己所不欲,勿施于人",尊重他人的人格和想法;妥善处理人际关系,女人还要学会付出,世界上没有免费的午餐,天上也不会无缘无故掉馅饼,你付出多少,就能收获多少。

在最短的时间内做到优秀,女人还要有明确的目标。荷马史诗《奥德赛》中有一句至理名言:"没有比漫无目的的徘徊更令人无法忍受的了。"没有钱,可以通过勤劳去赚取;没有经验,可以通过实践去总结;没有阅历,可以一步一步去积累;没有社会关系,可以一点一点去编织。但是,没有目标,人生就永远生活在恐惧和彷徨之中,没有任何希望可言。有了明确的目标,女人做事就有了动力,就知道自己下一步该怎样走,做到心中有数,胸有成竹,和优秀的差距,自然也越来越小。

要在最短的时间内成为职场的精英,女人需要付出很多很多,可是,"没有一翻彻骨寒,哪来梅花扑鼻香",要成就大业,就必须克服心理障碍,吃人所不能吃,行人所不能行。只要你下定决心,积极行动,就一定可以成为职场中的佼佼者,成为任何人都高看一眼的职业精英。

职场里的化险为夷术

董洁到公司不久,就因为表现优秀而被提拔为公关部主任,也因此遭到了在公司工作多年,对公关部主任这个职位窥视已久的赵玲的记恨。

为了洞悉董洁的一举一动,赵玲将自己的心腹安插在了董洁身边,让她做董洁的助理。对此,董洁并没有将赵玲的心腹赶走,而是在工作中对她帮助,在生活中对她关心。很快地,赵玲的心腹向董洁承认了自己在她身边工作是有目的的,并表示自己以后一定对她忠心耿耿,绝对不会做出卖她的事情。

公关部在公司中起着对外联系和对内调和的作用,平时工作需要大笔的资金。赵玲联合了公司的副总经理,想严格限制公关部的开支,让公关部成为一个外强中干的空壳,进而将董洁赶下公关部主任的宝座。

不过,董洁早已洞察了赵玲的一切,抢先一步找到总经理,让总经理下令给公关部充足的资金支持,并且还让总经理同意,公关部只对总经理负责。这样,董洁在轻松解决了公关部资金难题的同时,还避免了赵玲等人利用职务之便对自己的刁难。

就这样,面对赵玲一次又一次恶意的安排,董洁总是能轻易化险为夷,使自己在免于被陷害的同时,还赢得了更多的人心和工作优势。

职场如战场,到处都弥漫着火药味,女人稍不留神,就会踩到别人偷埋在地下的地雷,霎时被炸得粉身碎骨。职场中的危险,总是防不胜防,不晓得哪一刻,暗箭已经插进了你的胸膛。既然我们不能防止小人的迫害,那唯一能做的,就是具备治疗伤口的能力,掌握职场中化险为夷的本事。

面对小人的阴招,女人要做到心里有数,绝对不能遇到事情就慌了手脚。如果事情已经无可避免,着急、惊慌也只会让情况变得更糟。亡羊补牢,为时未晚,认清形势之后,要在最短的时间内找到走出困境的方法,决不能让自己陷入"人为刀俎,我为鱼肉"的可悲境地。

无论职场怎么险恶,最终还是靠实力说话的。所谓"苍蝇不叮无缝的蛋",如果你自身做到了完美,那别人再想陷害,恐怕也无可乘之机。如果你工作马虎,经常犯错误,就克服马虎的缺点,做事谨慎再谨慎;如果业务不够娴熟,就努力在自己的工作领域做到无人能敌;如果你说话办事有欠考虑,就争取做到圆滑世故,左右逢源。只要你足够强大,别人就没有办法刁难你,即使有人为你设下了足以毁掉你前程的陷阱,你也有足够的能力轻松化解,甚至因祸得福,在事业上更上一层楼。

所谓"得道者多助,失道者寡助",女人平时要记得广结善缘,这样在危险关头,才有人愿意助你一臂之力。众人拾柴火焰高,一个人的能力有限,但一群人的能力却是无限的,职场上朋友多了,方便之门自然也就敞开了。对职场朋友而言,即使不能在关键时刻帮你,但至少他不会有心害你,如果他察觉到什么风吹草动,说不定还会适时提醒你,让你早做准备。

美国顶尖经理人米歇尔·埃斯纳曾经说过:"在职场上的很多时候,实际上你需要的,只是训练达到目的的技巧,而不是实现完美。"职场中很多技巧都是不完美的,但却是很有效的,掌握这些技巧,你就能具备一些保护自己的能力,不至于在"职场暗箭"面前,毫无招架之力。

如果因为别人的失误导致你在重要场合迟到了,要直接承认错误并请求原谅,千万不要编造各种理由,因为这样他人会怀疑你的人品,近而在心里对你设防;如果上司有意用加班刁难你,千万不要直接拒绝,不妨将工作带回家,第二天早起一个小时,将任务完成。针对不同的情况,女人要有自己的应对技巧，决不可意气用事，觉得自己委屈就大喊冤枉，要知道，在没有确实的证据之前，你的委屈只会成为你的有心陷害，不仅不能帮助自己解围，还会成为对方的把柄，给对方以可乘之机。

　　人生有许多未知数，工作中照样如此。因为利益的矛盾冲突，鲜少有人能在工作中顺风顺水走完全程，遇到危险是常事，关键是具备化险为夷的能力。有些事真的不在我们的控制之内，有些错误也的确不能归咎于你，可是人在职场，从来都是"胜者为王，败者为寇"，人们只会看到你表面的无能和失误，根本不会浪费心力去追查表面背后的真相。化险为夷，化劣势为优势，才是女人在职场上的生存之道。

第 13 章

做一个会理财的幸福女人

现在的女性已走出家庭束缚,跃上职场当家作主,知识与财富倍增,拥有绝对独立自主的权利。至于理财观念,当然也脱离传统旧迷思,如果现在女性还不会理财,似乎就显得有些落伍了。女性理财,可以在不影响正常生活的条件下,为日后生活提供保证,甚至用钱生钱,实在是一举两得的明智之举。

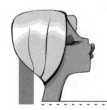

理财是女人的必修课

每次去逛商场、精品店、时装店，那些女人都会兴致勃勃的试穿，像只燕子一样在试衣镜前转圈、刷卡，然后拎着大包小包冲进 KFC，用一杯可乐，一个汉堡来安慰自己早已抗议的胃。这种时尚的消费方式，使越来越多的女人变成了名副其实的"月光族"。实际上，毫无节制地混乱花钱意味着服装店、精品店以及餐馆等商家都有权力分享你的收入，这对女人来说，实在是一件非常可悲的事情。

一个女人以自己的时间精力挣钱，充其量只能维持基本的生存条件，要发展，还得把眼光放在"钱生钱"上，在收入和产出之间获得收益，否则，套用一句俗话：即使你浑身是铁，又能打几根针呢？

你不理财，财不理你。在现实生活中，的确是这样，如果我们不会管理自己的钱，不给自己制定一份理财计划，就会在遇到风险的时候，没有一点抵抗能力。作为一个时尚女性，一定要学会理财，做到合理适度地消费，有目的地积累自己的人生财富，让自己以后的生活过得更轻松。

李曼研究生毕业后，幸运地进入一家外资企业从事市场调研工作，尽管每年的薪水收入均在 10 万元以上，但 3 年下来，她竟然没有存下一分钱，因为她一直坚信自己的男朋友永远不会背叛她，会一辈子对她好。所以每个月领了工资后，她就只给自己留下两千元的零用钱，然后豪爽地将所有的钱都交给男朋友。

结婚一年后，老公向李曼提出了分手，并且没有给她留下任何东西，甚至包括她本人所有的存款在内。这时候她才发现，原来自己没有给自己留下一丁点后路。

离婚时丈夫说:"我无法让自己和一个不会打理家庭财务、头脑简单的女人过一辈子!"这句话,深深刺痛了李曼。

离婚后的李曼,用第一个月所有的工资报名参加了一个女人理财培训班,在每周两节课的时间里,李曼恶补了许多关于女人做好家庭理财的知识和理念,最主要的是还认识了许多在理财方面有着丰富经验的朋友。

上完培训班的课程后,李曼不再有被抛弃的伤害和迷茫,她学会了自强,学会了理财,最主要的是她明白了朋友的一句话:现代社会里所有的女人都必须了解,除非你有意识地创造金钱并拥有它,否则没有任何财务会进入你的生活里,而一个连这种意识都没有的女人,是不可能有安全感的,更不用说自信了。

后来在朋友的帮助下,李曼开始接触股票、基金等多种投资产品,由模拟训练到实际操作,由生手到熟手,一路下来,她享受到了理财的快乐,并在投资理财中找到了久违的自信,感觉生活从来没有像现在这样踏实和有成就感。

有些女人寄自己一生的幸福于男人身上,认为只要嫁个好老公,一生就有了依靠。可是,婚姻就像一场赌局,嫁一个疼你爱你又有经济实力的男人,你会得到幸福,而嫁一个背叛爱情、背叛婚姻的男人,你的幸福可能会因此而葬送。求人不如求己,任何一个人都没有自己可靠,与其将幸福压在可能会输的婚姻上,还不如学会理财,掌握幸福的主动权。

理财是一个全面的概念,从家庭的柴米油盐到婚丧嫁娶,从孩子的教育到父母的养老费安排,从家庭的重大投资到家庭的安全保障等。将有限的钱财发挥出最大的效用才是理财的真谛。男人也许会成为家庭经济的有力来源,但女人在理财上更具优势。

女人天生就比较细心,而且家里的一些日常开销一般都由女人经手,所以女人的理财计划一般更有针对性。理财一定要根据家庭的实际情况,比如财务状况,能承受的风险等等,合理确定适合自己的理财方式。既要保证日常的生活不受影响,还要在有节余的情况下,把闲钱用来升值,投资几项自己熟悉的理财产品,如基金、股票、保险等,让自己钱流动起来不贬值。

此外,很多女人全身心投入到工作中,很难分身出来亲自打理自己的资产。这类女人适合专家理财的道路,让专家帮你打理资产,让资产增值。现在各家银行都开始配有对私业务的专职经理,比如有的银行就设有专门的理财规划室,推行一对一的专人服务,针对个人家庭资产情况进行合理组合,保证效率和提高针对性。

现代女性在社会中所扮演的角色,毫不逊色于男人,生活的重担,工作的压力,迫使女人不得不做一个理财高手。学会了理财,你和丈夫就不会因为金钱而产生矛盾;学会了理财,你们全家人的生活质量都有了保证;学会了理财,你就不会有亲人有难自己却无能为力的挫败感。女人,会因为理财而受益终身。

女人就像花朵,而理财则是她生命中的阳光,长在阴寒之处的花朵可能会开放,但永远都不可能开得娇艳。不会理财的女人,可能会被金钱所累,失去应有的幸福。要想让自己的生活永远都是阳光普照的灿烂日子,女人就一定要让自己变成一个理财高手。

有财力,才更有魅力

女人可以不漂亮,但不可以没有魅力,最令人难忘的女人,不是漂亮的女人,而是有着自己独特魅力的女人。真正有魅力的女人,集温柔、高雅、气质、幽默、情趣等于一身,她衣着得体、质朴自然、谈吐不俗,内心浪漫,个性活跃却不张扬,这样的女人,如一坛醇酒,愈久弥香,让人陶醉,让人回味。

可是,女人追求魅力也是需要资本的,大街上一直向人摇尾乞怜的女乞丐,是没有魅力可言的;整日嚷嚷着要男朋友为自己买礼物的女人,也是没有魅力的。虽说财力和魅力没有必然的关系,但有财力的女人,在社会、家庭中才有地位,才有谈论自尊和自信的资本,要做一个有魅力的女人,经济上一定要独立,有自己的财力。

有财力的女人才会有更大的自由。想买书的时候买书,想买衣服的时候买衣服,从不考虑价钱,只要是自己喜欢的东西就能买得起,这就是有财力的女人的魅力。她们花钱的时候通常很潇洒,很大方,因为她们有足够的经济能力,这也使得她们可以尽情发挥自己的个性,比别的女人更多了一份超然和洒脱。勒羽西就是这样的自由女人。

作为一个"钻石女王老五",不能不说勒羽西是成功的,她的言谈举止无不流露出迷人的魅力。可是,勒羽西的魅力,是有财力做基础的,倘若没有财力,只是一个向丈夫伸手要钱的女人,那还有什么自由、魅力可言? 一个经济不独立的女人,永远不可能成为一个令人回味无穷的魅力女人。

瑞秋是小镇上最有钱的女人,她的爸爸生前做房地产生意,去世后给她留下了一大笔财产。虽然很有钱,但瑞秋身上完全没有有钱人的那种恶习,她心地善良,总是帮助小镇上的人。

已经八十二岁詹姆森得了盲肠炎,却没钱动手术,瑞秋就给了他一百美元治病;莫妮卡的丈夫去世了,只剩下她和六岁的女儿相依为命,生活十分拮据,瑞秋每月固定给她们一百五十美元做日常开支;三十四岁的杰克失业了,一家人没有了经济来源,连房租都快付不起了,瑞秋给了杰克二百美元渡过难关……无论是谁,只要有困难,瑞秋就会无条件地帮助他渡过难关。

小镇上有个特殊的风俗,就是每年都会在圣诞节那一天评出最有魅力的女人,所有的女孩,都会在这一天暗暗祈祷自己可以得到这份殊荣。圣诞节又到了,小镇上所有的人都将自己心目中最有魅力的女人的名字放在了投票箱里,结果出来了,瑞秋以绝对的优势夺得了最有魅力女人的桂冠。对于这个结果,所有的人都鼓掌表示赞同,因为当瑞秋向他人伸出援助之手的时候,她的魅力已经永远地定格在了他们的心中。

没有财力,瑞秋就不能帮助小镇上的人,不帮助小镇上的人,大家也不会选她做最有魅力的女人,瑞秋的魅力,与她的财力是密不可分的。金钱是女人追求魅力、帮助他人的前提条件,如果没有钱,即使有心,她也只能爱莫能助。

魅力的修炼是需要金钱买单的,要想成为魅力女人,就要从内到外经营自己:阅读书籍、每年旅游、持续健身、定期美容、翻看时尚杂志、了解最流行的化妆美容趋势、进电影院看电影……这些都是魅力女人的必修课,但如果没有一定的经济基础,女人又如何完成这些课程呢? 女人要有财力,才更有魅力。

一个没有财力的女人,在家中就不会有多高的地位可言;一个没有财力的女人,整日为生计发愁,根本无暇顾及自己是不是有魅力;一个没有财力的女人,做任何事都要考虑是不是可以,因为她没有多余的钱做很多的事;一个没有财力的女人,当亲人需要帮助的时候,即使心如刀割,她也无能为力……这样的女人,根本不知道何为魅力,我们又怎么能期望她成为一个魅力女人呢?

金钱是女人追求魅力的根基,无论是已婚还是未婚,女人一定要保证自己的经济收入,在任何时候,都不能拔掉自己追求魅力的根基。失去了魅力,那你就失去了光彩,眼前所拥有的幸福也会离你越来越远。

做个精明的消费潮人

现在的商家都知道一个真理:女人的钱最好赚。在商场里面转一圈,柜台上琳琅满目的商品,大多都是为女人准备的,而天生喜欢购物的女人,总是按捺不住心里的冲动,轻易地将大包小包的商品拎回家。当女性成为消费主体的时候,自然也就成了消费潮人的代名词,有消费的地方就有女人,有女人的地方就有消费。

女人购物,本来就无可厚非,但是将自己辛辛苦苦赚来的钱统统都花在购物上,那就大错特错了。有些女人可能会委屈地叫道:我也不想把钱全奉献给商场啊,可是每个月的工资就那么一点,物价又一分一秒的猛涨,我们也是没有办法啊!对于这样的女人,我只能感叹一个"笨"字,一个精明的消费潮人,总能以最低的价格买到最好的商品,工资不仅够花,而且还有富余做其他的事情。女人一定要学会做一个精明的消费潮人。

姜玉打扮时尚,生活非常讲究,是公司里有名的消费潮人,她的每一件新衣服、每一个新发型都会成为公司女同事津津乐道的话题。在大家看来,她就是一个将每月的工资都用在购物上的"月光族"。

后来,姜玉要和男朋友要结婚了,她竟拿出了10万元付房子首付。所有人听到这个消息的时候,都不相信如此热衷于消费的姜玉可以有这么多的存款,于是忍不住向姜玉去求证。出乎她们的意料,姜玉说自己确实有10万元的存款,而且那10万元都是自己最近几年挣的,里面没有家里支援的一分钱。

然后,姜玉告诉大家,自己虽然喜欢购物,但是她每个月购物的钱根本就不到自己工资的一半。在所有人不相信的眼神中,她说,自己每次去购物之前都会列个清单,该买的东西她会买,但是不该买的东西,她是绝对不会花一分钱的;她穿的衣服,虽然都是名牌,但是都是商场打折的时候买的;她还有记账的习惯,对于自己的花出的每一份钱,她都能说出出处。尽管看上去很时尚,但姜玉真的没有将所有的钱都花消费上面。

现在,大家总算是见识到了姜玉的厉害了,不禁对她竖起了大拇指,姜玉不仅是个消费潮人,还是个精明的消费潮人啊!

要做一个精明的消费潮人,其实并不难,只要掌握了精明消费的招术,就能用有限的资金,轻松地走在时尚前沿,尽情地享受生活。

1. 决战商场

信用卡是女人花钱如流水的祸根,但只要合理利用起来,你也可以从中得到不少的实惠。现在,各大银行和一些人气很旺的商厦都有合作,女人可以利用这些活动为自己省钱。比方说,现在中国银行有个活动:在百盛刷中行卡,满 200 元可送 1000 积分,要知道百盛的 1000 积分相当于 20 元呢,这样算下来相当于变相的打了 9 折。通常情况下,银行会将这些优惠活动发到手机或是邮箱里,你可千万别把它当垃圾信息删除了。

2. 网购轻松省钱

在网络飞速发展的今天,"网购"已经成为一种耳熟能详的消费方式,只要点点鼠标,很快便会有快递将物品送至家门口,即省时又省心。

衣服、鞋子、牙膏、玩具、按摩仪器……只要是女人们能想到的东西,网上统统都有,而且价格通常还比实体店中低很多。精明的消费潮人,在商场里看到有自己喜欢的东西时,不会冲动地立刻买下来,而是把货号记下来,回家之后再在上网查找。

3. 不盲目崇拜品牌

对女人而言,品牌是一种身份的象征,所以,尽管对品牌的追求可能会令自己倾家荡产,但很多女人还是不厌其烦地站在名牌商品的柜台前,心甘情愿地将自己的腰包掏空。

实际上,品牌消费品的大部分资金都用在广告方面,真正用于提高产品质量的,只占很少一部分。用同样的钱买同样质量的商品,品牌和非品牌之间的价格能够相差好多倍。

4. 学会理财

现在,越来越多的女性投入了理财大军当中,理财也成为了一个时髦的字眼。女性将自己的一部分收入用于保险、股票、基金等投资方式,这对于年轻人来说,确实是用钱生钱,预防未来风险的一个有效途径。

把钱花在刀刃上

在现实生活中,很多年轻的白领都曾经或正在扮演"月光女"的角色,可以月入斗金,也可以月出斗金,她们崇尚提前消费的生活方式,根本不顾及今后的人生需求。女人年轻的时候,可以尝试各种各样的生活方式,但随着年龄的增长,有没有一份固定且可观的积蓄,决定着下半生的生活是否幸福。

对于"月光女"来说,应学会把钱花在刀刃上,强迫自己储蓄,零存整取储蓄、定额定期开放式基金以及每天计息的货币市场基金,都可以成为"月光女"储蓄的愿望。生活有了保障,女人才有幸福的可能。

林绍良是印尼首富。关于理财,他有自己特到的见解,那就是:"钱要用在刀刃上。"虽然目前已是身家超过70亿美元的商界大鳄,但林绍良从不炫富,为人十分节俭,从来不乱花一分钱。正是因为他把钱都用在了该用的地方,所以他的公司才遍布世界各地,而且还涉及70多种行业。

孙佳在北京一家国企做行政人员,月薪近万元,无疑是高收入群体中的一员。可是,高收入却顶不上高消费,孙佳是商场的常客,而且买东西一律都买最好的,一些可有可无的商品,只要喜欢,不管是不是真的需要她都会毫不犹豫地买回家。再加上她天生爱玩,时常和朋友一起穿梭于娱乐场所,她每个月的工资基本刚够日常开支,根本就没有一点积蓄。

作为北漂中的一族,孙佳一直都希望能在北京有一套房子,可北京房价的长年居高不下,一直令她望而生畏。孙佳有一个十分要好的朋友,近几年做生意挣了不少钱,想换一套比较大的房子,所以决定将自己位于三环的房子低价出售,问孙佳有没有兴趣。朋友出的价格比市场上的房价低很多,孙佳简直不敢相信有这么好的事情。可是,孙佳存折上的数字实在是少得可怜,即使房子很便宜,她还是买不起,只能眼睁睁地看着别人捡了这个大便宜。

看着朋友将房子钥匙交给了新的屋主,孙佳的肠子都悔青了,后悔自己平时乱花钱,到关键时刻,竟拿不出一分钱。她在心里暗暗发誓,以后挣的每一分钱,她都要花在刀刃上。

所谓"人无远虑,必有近忧",平时没有计划,到真正用钱的时候,就只能傻眼了。女人的大部分钱,其实都花在了没有意义的东西上面,如果将这部分钱累积起来,可以做很多有意义的事情,让生活更加多姿多彩。

女人在挣钱的同时,也要学会如何花钱,那怎样才能做到既省钱又能把钱花到"刀刃儿"上呢? 下面教你一些小高招。

1. 控制自己的购买欲

女人都有这样的体会,明明自己不需要这件商品,却还是控制不了心中的购买欲望,一时冲动打开钱包。可买回家之后,看着它一直原封不动的躺在角落里,心里又懊悔得要死。

想有效控制自己的购买欲望,女人可以在逛街之前,先在脑子里盘算一下急需购买的东西,用笔记下来,然后有目标地选购;对打折的物品或大甩卖、大减价的商品,女人购买之前一定要三思,不要因为价值便宜就头脑发热盲目抢购;意志比较薄弱的女人不要陪同朋友购物,因为这种人在陪购的同时,往往经不住商品的诱惑,朋友没动心,自己反倒购回一堆不需要的东西。

2. 换一种方式享受生活

新拍的大片确实吸引人,但电影院的票价太高了,虽说效果好,但想来想去还是算了。在家看也一样,而且随时随地想看就能看,想看几遍就能看几遍,还不用花一分钱。

K歌的时候尽量不要在黄金时段去,这样既能享受到优质的服务,而且还能节省一笔不小的开支。

另外,像有些百搭的衣服,不一定非要在当季买,在换季或者打折的时候去买,更便宜。总之,钱是省出来的,把钱花在刀刃上,这样,我们的生活才会变得更有意义。

3.不要忽视小钱

平时一些小钱,虽看上去不算什么,但长期积累,也是一个不小的数字。假设,你从每个月的各种开支中节省100元,一年就是1200元,十年就是12000元。将这些钱用于投资,五年之后,它就可以变成五万甚至十万。所以,小钱虽少,却千万不能小看它,将其善加利用,你会得到意想不到的实惠。

品味生活,从节俭开始

著名的船商、银行家出身的斯图亚特曾经有一句名言,他说:"在经营中,每节约一分钱,就会使利润增加一分,节约与利润是成正比的。"

也许是银行家出身的缘故,他对于控制成本和费用开支特别重视。他一直坚持不让他的船长耗费公司的一分钱,他也不允许管理技术方面工作的负责人直接向船坞支付修理费用,原因是"他们没有钱财意识"。因此,水手们称他是一个"十分讨厌、吝啬的人"。即使他建立了庞大的商业王国,他的这种节约的习惯仍保留着。

一位在他身边服务多年的高级职员曾经回忆说:"在我为他服务的日子里,他交给我的办事指示都用手写的条子传达。他用来写这些条子的白纸,都是纸质粗劣的信纸,而且写一张一行的窄条子,他会把写好字的纸撕成一张张条子送出去,这样的话,一张信纸大小的白纸也可以写三四条'最高指示'。"一张只用了五分之一的白纸,不应把其余部分浪费,这就是他"能省则省"的原则。

节俭,可以令事业进入良性循环的轨道;节俭,可以令家庭永无后顾之忧;节俭,也可以使人变得更加睿智。无论你是百万富翁,还是普通工人,是高级白领还是商场售货员,每个人都应该学会节俭,让节俭成为自己的一种习惯,让生活因为节俭为变得更加幸福和快乐。

当然,节俭绝不是吝啬,像铁公鸡一样一毛不拔,一分钱也舍不得花,而是尽量节省开支,合理消费,把钱花在该花的地方。在生活中,时刻做好未雨绸缪的准备,因为谁也不知道明天会发生什么。

人的欲望是无止境的,如果我们不学会节俭生活,就算我们挣再多的钱,依然会觉得手头不宽裕,该用钱的时候拿不出钱来。既让自己过得很狼狈,也不能给家人提供必要的物质保障。千万不要做"月光族",没有一点储蓄概念,这样是对自己的不负责任。而且,某种程度上,钱可以给我们带来一定的安全感,钱越多我们能做的事情的就越多,也就越自由。

现代社会,很多人都不能免俗地背上经济包袱,成了铁杆的房奴、车奴。想想自己所面临的经济形势,女人最好还是学会节俭吧。与开源相比,节流容易得多,你无需失去与家人朋友相处的时间,也不必将生活质量放低,只需要一些小小的技巧,你就能用更少的钱过更有品位的生活。把时间和金钱用在那些真正想要,并且物有所值的东西上,而不要浪费在没用的地方。一旦我们做到了这一点,就会发现:节俭,其实是件快乐的事情。

试着做个账本,明细每月花销的来龙去脉;把每月逛街刷卡的次数减半;本着能坐车就不打车,能步行就不坐车的原则,在环保的同时又达到了减肥的目的;把呼朋唤友的外出聚会,部分替换成温馨的家宴;上班路上,可以在你的私家车里捎上几位同路人,省了油钱也方便了别人;喜欢吃的菜自己动手做一做,不必总麻烦饭店大厨。

女人节俭,并不仅仅是为了自己,还是为了爱你和你爱的人。只有有了积蓄,你才不会在意外面前惊慌失措;只有有了积蓄,你才不会有家人有难自己却无能为力的挫败感;只有有了积蓄,你才能给孩子最好的教育;只有有了积蓄,你才可以为家人提供一生的保障。金钱的意义不是简单的几个数字,而是人类生活的基本条件,钱不是万能的,但没钱却是万万不能的。

当女人开始对节俭身体力行的时候,你就会变得更加睿智、深刻并富于远见。不善思考的人就好似野蛮人一样,丝毫也不关心明天会怎样。真正的聪明人却总是想得很远,她们为自己的一生做好了规划,为亲人的生活做了安排,为将来的一切提前筹划好了应对之策。她们深深知道:女人最大的智慧,就是将自己的一生掌握在自己手中。

从今天起,女人要改变完全没有计划的日子,好好地"算计"一下自己吧,到时候你会发现,不仅腰包的"银子"节省下来,少了入不敷出的尴尬,你还会多了很多理财的选择,更重要的是,你的生活还是一如既往地有滋有味。

第 14 章
女人要做好贤内助

"男人靠征服世界征服女人,女人靠征服男人征服世界",女人要征服男人,只是在家伸手要钱、卖弄风骚是绝对不可以的,能够成为男人背后伟大的女人才是最重要的。女人做好贤内助,阿斗也可被扶上皇帝的宝座,而且待他成就一番大业之后,也绝对不敢轻易抛弃糟糠之妻,女人可以安心坐稳东宫宝座。

为你的丈夫充电加油

爱葛莎和丈夫结婚后不久,丈夫所在的公司就进行了一次大规模的裁员,很多员工都被解雇了,其中也包括她的丈夫,家庭顿时陷入了经济危机当中。刚失业的时候,丈夫只是做一些简单的体力活动,每天只有 3 美元可怜的收入。

如果这时候,爱葛莎对丈夫抱怨的话,那也不算是什么过分的事,可是她没有这么做。爱葛莎一直坚信自己的丈夫能够取得成功。她先是自己找了一份工作,然后毅然地挑起了养家的重担。爱葛莎对丈夫说:"亲爱的,你现在还年轻,有很多东西都需要你去学习。放心吧,我的收入足以维持我们的生活了,你放心地去学习吧,我坚信有一天会用到这些知识的。"

事实证明,爱葛莎的决定是正确的。丈夫先去夜校学习法律和会计,后来又到一所大学的夜间部进修法律。如今,丈夫真的取得了成功,他的薪水已经是过去的十几倍了。

实际上,每个男人都和爱葛莎的丈夫一样具备成功的素质,关键看他的妻子是否配合。美国家庭问题专家曾列出了十项妻子最令丈夫难堪的"挑衅性言行",其中第一项就是责怪丈夫无用,经常埋怨他的收入少,敦促他设法多赚钱。当丈夫的事业陷入低谷的时候,他最需要的就是妻子的理解和支持,这时候,女人不可给他太大的压力,而应该鼓励丈夫学习更多的知识,用知识武装好自己之后,再在事业上一展宏图。

丈夫的成功与妻子有很大的关系,妻子的支持可以成为丈夫不断学习的动力,而妻子的反对则有可能动摇丈夫学习的决心。遗憾的是,现在很多妻子都不明白这个道理,她们注重眼前利益甚过长远利益,为了眼前小利让丈夫放弃了学习的机会，最后耽误了他的前程。

　　还有些女人，认为自己的丈夫已经很成功了，不需要再充电，这种观点是大错特错的。一个男人，如果他只满足现状而不思进取的话，那早晚有一天会被社会所淘汰。人要在社会中立于不败之地，不断学习，与时俱进，永远站在时代的前沿。当你的丈夫有学习的自觉的时候，妻子要全心全意地支持他，但如果他没有这种自觉的话，妻子就有责任唤醒他的危机意识，让他为将来可能产生的风险提前做准备。

　　穆言在一所学校教学，有一份稳定的工作，还有一个漂亮的妻子，他对自己的生活很满意。可是他的妻子周璨总觉得自己的丈夫应该有更大的抱负，于是鼓励丈夫考研究生。穆言心想，如果真的能考取研究生的话，那前途一定比现在很好多，所以决定试一试。

　　为了让丈夫安心考研，周璨将家务、教育孩子等工作都揽到了自己身上，从不为任何事打扰丈夫读书，每天还变着花样为丈夫补充营养。在周璨的悉心照料下，穆言如愿考上了国内一所名牌大学的研究生。

　　三年后，在丈夫即将研究生毕业的时候，周璨又鼓励穆言读博士，因为按照当时的情况，穆言读完博之后可以直接留在学校做大学讲师。于是，在妻子的支持下，穆言又开始读博了。

　　博士毕业后，穆言如愿留在了学校任教，渐渐地由讲师升为教授，再到研究生导师。现在，穆言成了学校的教学骨干，经常代表学校到国外进行交流。

　　一个支持丈夫不断充电的女人，一定会很辛苦。因为在丈夫无暇顾及家庭的情况下，她只能毅然挑起家中所有的重担，这就是为什么说一个成功男人的背后，必定有一个伟大的女人。作为妻子，就算这个伟大的女人不好做，也要坚强的挺下去。要知道，你的付出是为了成就你的丈夫，是为了你们将来能有一个更加美好幸福的生活。

　　对于一个家庭来说，女人是水，男人是舟。"水能载舟，亦能覆舟。"真正的好妻子能够让落魄的丈夫勇于面对困难,迎接新挑战,不断学习。困境中一句温暖的鼓励,一个支持的眼神,都会让男人感激你一辈子,爱你一辈子。

让他感到自己很重要

当男人事业受到挫折的时候,通常都会变得很自卑,还会对自己的能力产生很大的质疑,这个时候,作为妻子,我们除了安慰他,给他信心,还要坚定地告诉他,在你眼中,他永远是最优秀、最棒的,这个家没有他不行,你没有他不行。就算你能力很强,根本不需要丈夫的帮忙,也要刻意地制造出一些机会让丈夫表现,在他忙碌的时候,递上一杯热茶,顺便再夸夸他,让他感到自己很重要,这样你们的婚姻生活才会更幸福。

威廉·詹姆士说过:"人类本质里最深远的驱动力是希望具有重要性,人类本质中最殷切的需求是渴望得到他人的肯定。"男人经常会听到"你算老几"、"你算个什么东西"、"你说的话分文不值"、"你不过是个普通人"诸如此类的言辞。这些话,无疑是对男人的否定,也是家庭悲剧的根源。

在婚姻生活中,有一个非常有趣的现象,男人们的自我评价大部分来自妻子对他们的看法。如果妻子说他经常不守时,不懂得理财或者穿着邋遢,那么丈夫在某种程度上就会相信自己是这样的人,因为他们相信妻子是这个世界上最了解自己的人,她的说法不会有错。如果妻子对丈夫说你很重要,那丈夫就会在潜意识当中更加看重自己,并在不知不觉中承担起重要的角色。

丈夫是家中的主心骨,对丈夫重要性的肯定可以促使他在事业上更加努力,在生活中更加疼爱妻子和孩子,使婚姻更加幸福美满。然而,在现实生活中,很多妻子都没有意识到这一点。当生活不能达到自己的目标时,她就会埋怨丈夫无能，抱怨丈夫一无是处。在这种老婆的精神打压之下，男人会变得越来越没有自信，对工作、生活都提不起兴趣，更别说改善生活质量了。

男人最大的满足，就是得到自己心爱的女人的赞美，一个聪明的妻子，会让丈夫知道自己的重要性，让他在自我肯定中重拾信心，积极地投入到工作和家庭生活中去。这样做，既能增进夫妻间的感情，又能唤醒丈夫的对家庭、对社会的责任感，实在是一举两得的做法。

罗宾在一家报社做记者，说实话，他真的不适合这份工作，因为他性格内向，有些害羞，而且还缺乏自信。每天早晨，罗宾都皱着眉头起床，然后苦着一张脸吃早餐，接着又很沮丧地离开家门。对他来说，生活不是享受，而是一种痛苦的折磨。

终于有一天，罗宾再也忍不住了，吃饭的时候，他对妻子说："亲爱的，我是不是真的很没用？我觉得自己活在这个世界上简直就是多余的。"妻子看了看他，回答说："我不知道是什么原因导致你产生这种想法的，但我从来没有这样认为过。罗宾，我一直以为，你是世界上最棒的人，你写的那些稿子让很多人知道刚刚发生的事实，也正是你的努力，我们一家才能过着非常殷实的生活，你是我心目中的英雄。"

第二天，罗宾起床以后，发现妻子已经上班去了，但是床头还有一张字条，上面写道："亲爱的，你要相信自己，我一直都认为你是最重要的。"

从那以后，罗宾再也没有感到痛苦过，因为他知道自己对于家庭和社会是很重要的。他不再害羞，也不再害怕，对工作和生活充满了信心。如今，他已经做到了报社主编的位置，这一切，都要归功于他的妻子。

如何让丈夫觉得自己很重要呢？这时候，妻子的赞美是最有效的武器。当丈夫将坏了的电视机修好的时候，妻子要说："亲爱的，你真棒，没有你，我真不知道怎么办？"当丈夫教会儿子一道数学题的时候，妻子要说："还是你有办法，我拿孩子真是一点辙都没有。"当丈夫解决了家庭面临的困难时，妻子要说："老公,你就是咱们家的顶梁柱,这个家没有你不行啊!"

此外,家中任何事都要征求丈夫的意见,千万不要擅作主张,越俎代庖。有些女人认为,自己的事情自己做主就可以了,无需和丈夫讨论,甚至觉得自己考虑事情比丈夫更加全面,妄图替丈夫做决定。没有一个男人,喜欢这种被忽视的感觉,长此下去,丈夫一定会认为自己对妻子来说是一个无关紧要的人,从而对婚姻、对生活失去信心。

一个好妻子,会告诉丈夫是自己最坚实的依靠,是孩子学习的榜样,是父母最大的安慰,他是这个世界上最重要的人,没有他,整个世界都会塌陷。这种肯定,是对男人最大的赞美,当女人这样说的时候,男人就想着把全世界都给女人,并真的做出很重要的事情。时时刻刻让你的丈夫感受到,他很重要,自己没有他不行。

成为丈夫的避风港湾

男人和女人在一起到底是谁依靠谁多一点,谁把谁当作是自己的避风港? 在传统的观念里,男人是女人的避风港,男人要为自己心爱的女子遮风挡雨。但实际上,女人又何尝不是男人的避风港呢?

女人面前,男人也是弱者。女人受委屈,可以找妇联,找报社;男人受到委屈,可以到哪里诉苦? 中国人总认为男人比女人坚强,男人应该承受所有的压力。其实男人有时更脆弱,更需要理解。

男人也有眼泪,只是不会轻易流出来,因为他们不想让别人看到自己脆弱的一面,更不想让别人瞧不起自己。尤其在心爱的女人面前,男人一向都以强者的形象出现,就算他在外面受再多委屈,但为了不让女人跟着自己担惊受怕,给家人安全感,他也会把眼泪独自吞下去,一个人默默承受所有的一切。

所以，作为妻子，有些时候看到自己的丈夫不高兴，或者心情不好的时候，除了要从生活上更加关心体贴丈夫，还要从言语上抚慰丈夫。给丈夫信心，让丈夫把烦恼的事情说出来，两个人共同商量解决，解决不了的再想其他办法，不要把所有的事情都让男人一个人扛。

欧辰是一家公司的总裁，事业越做越大，钱挣得也越来越多，而与妻子的感情也与日俱增。在接受记者采访时，他幸福地说："都说男人是女人的避风港，但对我而言，妻子才是我永远的避风港湾。"

和妻子相识时，欧辰只是一个刚入社会的毛头小子，什么也没有，不能给妻子任何物质上的安慰。可妻子不介意，义无反顾地和他走进了婚姻的殿堂。

婚后，他们的生活很拮据，可妻子从来都没有抱怨过，总是温柔地对欧辰说："我相信，总有一天，你会干出一番属于自己的事业的。"在妻子鼓励下，欧辰的事业开始走上坡路，他们的生活也渐渐变得富裕起来。

有了足够的经济能力之后，欧辰心疼妻子每天做家务，所以就提议请一个保姆，可是妻子坚决不同意，她说想亲自为欧辰料理一切。

现在，因为工作的关系，欧辰总是很晚才回家。可无论多晚，妻子都会等着他回家，为他做完夜宵，放洗澡水。这时候，无论工作中遇到了怎样的麻烦，欧辰都会觉得自己是幸福的。在他心里，妻子是自己最温馨的港湾，只要妻子陪在身边，他就有勇气克服一切困难。

妻子是要与丈夫携手一生的那个人，妻子的理解、支持和肯定，就是男人不断拼搏地动力。家中有一个善解人意的妻子，有一个肯为自己倾尽所有的女人，男人就找到了归宿，找到了心灵的避风港。

男人出外拼搏，受委屈碰钉子是在所难免的，他们伤痕累累地回到家中，妻子能用自己的温柔和甜言蜜语哄丈夫开心，让他们把那些烦心的事情很快都忘记，重新回到快乐自信的生活当中。这时候，女人就是男人精神上的寄托,是他可以倾诉,可以寻求安慰的对象。只要有你,男人即使再苦再累,心里也是甜的。

晚上,当丈夫提着公文包一身疲惫地走进家门,身为妻子的你,是否能为丈夫准备一杯热茶和一顿可口的晚餐,然后把充满倦意的他引进灯光幽暗、热气蒸腾的浴室,享受一场充满柔情的泡沫浴?许多人不了解,丈夫也需要妻子的娇宠与疼爱。假如妻子主动为心爱的丈夫设计一场充满温情的夜生活,显然会给丈夫带来欣喜和无法言喻的甜蜜感。

当劳累一天后休息的时候,男人都希望能放松每一根神经。只有在家里,他才能完全释放负面能量,因为家里有一位善解人意的妻子,她不会把她自己的困扰加在他已经疲惫不堪的身上,也不会替他制造一些新的困扰。相反的,她恢复他的能量,修护他的精神,愉快他的感情,使他在第二天早晨又充满精力和热忱,有更好的精神面对这一天的工作挑战。

然而,某男性健康杂志的专项调查显示,72%的男人表示时常会感到生活很累,有无奈感;67%的男人在生活中没有经常性的倾诉;约有一半左右的人对自己的婚姻生活不满意。在现实生活中,大多数女人都把丈夫定位为自己依靠的对象,忽视了男人也有脆弱的时候,男人也希望受伤时,能有人为自己治疗伤口。这个心灵上的缺口,造成了家庭中的许多矛盾,也成为许多家庭破裂的主要原因。女人想要守护你的家,想和自己心爱的人白头偕老,就要学着做丈夫心灵上的避风港,舔舐他所有的伤痛。

男人需要的,不是女人像侦探一样每天研究他的生活,他需要的是女人轻松而甜蜜的怀抱;男人希望在自己累了的时候,还有女人这样一个港湾,可以停靠一下。在自己所爱的女人怀里,男人就如同是一个小孩,尽情享受爱的滋润。一个称职的妻子,会成为丈夫的避风港湾,是一个令他感到幸福的女人。

对丈夫的身体健康负责

身体是革命的本钱,也是幸福生活的基础。尤其是丈夫的身体健康,几乎直接关系到一个家庭的兴衰成败。作为妻子,一定要清醒地认识到一点,丈夫健康的身体才是这个家最大的财富。所以,我们一定要悉心照顾好丈夫日常的饮食起居,让丈夫有一个好身体。

人生在世,没有健康的身体、愉快的心情,一切都免谈。一个有气无力、无精打采的男人,他就是有心疼爱老婆,也没有状态和精力啊。作为一个妻子,要勇于负担起照顾丈夫身体的责任,像爱惜自己一样爱惜丈夫的身体。

林风是一家不动产代理公司的财务主任,每天都有忙不完的工作,他经常会在晚上带回一整堆的文件,加班到深夜。然而,由于太过劳累,林风的身体状况开始下降,整日无精打采,一副有气无力的样子,甚至连饭量都有所减少。

针对这种情况,他的妻子白静提出了一个建议,就是让林风每天提前休息一小时。起初林风不同意,但拧不过白静的坚持,只能同意了。过了一段时间之后,林风的身体状况明显好转,每天都精神抖擞、心情愉悦,而且工作效率也有所提高。这时,林风终于体会到白静的良苦用心了,心中又对她多了一丝怜爱。

有了健康的身体和较高的工作效率,林风有更多的时间和白静相处了,他每天不慌不忙地和妻子享受一顿美味的早餐,陪妻子看一场浪漫的电影,还会牵着妻子的手一起去散步,两个人的生活越来越甜蜜了。

丈夫的身体,永远都是妻子最甜蜜的负担,生活的点点滴滴,都关系着丈夫的身体,家庭的幸福。让丈夫在你的细心照料下拥有健康的身体,相信这会是丈夫的骄傲,也会是你的骄傲。照顾好丈夫的身体,女人可以从以下几个方面着手。

1.合理膳食

有一次,美国科学促进协会在圣路易召开了一次会议,一位资深的教授说了这样一段话:"战争是人类最可怕的灾难,人们对它的恐惧胜过一切。然而,有一个事实却是非常可怕的,那就是实际上死于餐桌上的人要远远多于那些死于战场上的人。"

长期的饮食不当,使很多男人成了胃病的受害者,老公有胃病,老婆有不可推卸的责任。对胃的保养原则是饮食定时定量,多吃软、烂、加工细的食物,还要限制老公喝浓茶、烈酒、咖啡的量,戒烟戒酒。

每一位合格的妻子,都应该是一个"杂家",对每种食物的性能都有所了解,并结合丈夫的体质制定适合他的饮食计划,让他合理饮食,在吃中找到健康。

2.鼓励丈夫多做运动

生命在于运动,适当的运动能够调节紧张情绪,改善生理和心理状态,恢复体力和精力。晚饭之后,妻子可以拉丈夫去散步,并在休假的时候约老公一起去爬山,让他在运动中永葆健康。

很多男人工作十分忙碌,根本就没有时间运动,这时候,妻子一定要使出浑身解数,让丈夫参加到运动大军中来。即使刚开始的时候他并不喜欢这样,但当他开始从中受益的时候,会疯狂地爱上运动,也会更加爱你。

3.保持愉悦的心情

所谓"笑一笑,十年少;愁一愁,白了头。"愉快的心情,是让人身心健康的最好的天然补药。男人在外工作,一肩挑起家中的重担已经很辛苦了,这时候,如果妻子整日还唠唠叨叨,对他们挑三拣四的,那男人肯定会十分郁闷,身体状况也会受到影响。

当男人拖着疲惫的身体回家的时候,妻子要明白,所有的一切,都没有他的一个微笑重要。如果他想睡觉,那你就让他尽情地睡吧;如果他想看球赛,即使会吵得你失眠,也不要去打扰他。相信只要身心愉悦,你的丈夫就能长命百岁。

4.不要让他过度劳累

很多人终其一生都是在给医院打工,透支自己的健康来换取金钱、权利,前半生拿命换钱,后半生拿钱换命。每个人的身体承受能力都是有限的,过度的劳累,是侵蚀男人身体的杀手,是女人家庭幸福的隐患。

当丈夫太过劳累的时候,体贴的妻子不妨告诉他:"亲爱的,钱不是最重要的,我最关心的,是你的身体。"

5.定期到医院检查

预防是治病的最好方法,许多死于心脏病、癌症和糖尿病的人,如果他们的病症能够在早期被发现,就可以得到及时地治疗。

美国糖尿病协会曾经做过统计,全美大约有270万人清楚地知道自己已经患上了糖尿病,但却有另外100万人并不知道自己已经患病,这一切都是因为没有做定期的检查。

不要与丈夫的事业为敌

丈夫工作的单位为他提供了一次出国深造的机会,作为妻子,周青知道这对丈夫来说是一次千载难逢的机会。等丈夫深造回来,前途必定是不可限量。可是,周青也知道,男人有钱就会变坏,到时候,外面的诱惑那么多,她这个糟糠之妻还能保证自己的地位吗?更何况,丈夫这一走就是两年,到时候,家里的重担岂不是要落在自己一个人的肩上?所以,周青对丈夫出国提出了反对意见。

丈夫十分珍惜这次机会,于是劝说周青自己出国也是为了一家人将来能过上好日子,而且他保证自己将来绝对不会对不起她。可就算丈夫磨破了嘴皮子,周青还是不同意,甚至威胁他,只要他出国,自己就和他离婚,他也永远别再想见到孩子。无奈,丈夫只好将这次机会让给了公司其他的同事。

两年之后,那位出国深造的同事回来了,公司不仅为他升职加薪,还解决了他的住房问题,他成了公司的中坚力量。看着那位同事在工作上如鱼得水,周青的丈夫心里很不平衡,时常埋怨周青,说是她耽误了自己的前程,两人经常为这事吵架,矛盾也越来越多。周青当初反对丈夫出国是为了保住自己的幸福,不想到最后,她还是亲手毁了自己的幸福。

在男人眼中,有了事业,就有了尊严;有了事业,就有了爱情;有了事业,就拥有了一切。《红与黑》的主人公于连为了事业,牺牲了自己的爱情;陈世美为了仕途,抛弃了糟糠之妻秦香莲;唐代宗李世民,为了江山,在玄武门之变中杀死了自己的亲哥哥。事业对于男人,犹如生命一样重要,甚至比生命更重要。

女人与丈夫的事业为敌,就是与丈夫为敌,与丈夫为敌,就是与自己为敌,与自己为敌,还可能获得幸福吗?一个聪明的妻子,不会让丈夫在爱情和事业之间左右为难,更不会牵绊丈夫前进的脚步。像爱你的丈夫一样爱他的事业,丈夫也会回馈你更多的爱。

约翰是一家家电公司的优秀推销员,在一次有关销售经验的演讲会上,他称自己的成功与妻子有很大的关系,并开玩笑地称妻子为"我身边的星期五"。

在演讲中,约翰提到,妻子知道生活的琐碎会分散他的精力,所以从不为小事打扰自己的丈夫,让他可以全心全意地投入到工作中去;作为一名推销员,约翰每天都会带回许多需要处理的文件,于是,妻子学会了打字,并在约翰需要的时候给予帮助;约翰负责的业务区域非常广,为了走访客户,他经常要开车到很远的地方,这样,妻子又学会了开车,当路程比较远的时候,她就会帮约翰开会车,让他美美地睡上一觉;为了给约翰提供帮助,妻子甚至培养了自己的新爱好,而这些爱好都与约翰的工作有关。

在演讲结束的时候,约翰对台下所有的人说:"我非常幸运有一个好妻子,因为她对我事业上的帮助,我们的感情越来越好,婚姻也越来越幸福,我爱我的妻子。"

"每一个成功的男人背后,都有一个伟大的女人。"做成功男人背后的女人不容易,但是,你如果真心爱你的丈夫,就会心甘情愿为他付出一切,爱他所爱,想他所想。既然丈夫爱他的事业,那妻子就要学会像爱丈夫一样爱它,而不是与丈夫的事业为敌。

更何况,丈夫为事业拼搏,也是为了能让你生活得更加幸福。婚姻不是一场简单的镜花雪月,而是真实的点点滴滴。婚姻所有的开支都需要金钱的基础,丈夫是家庭的顶梁柱,是一般家庭的主要经济来源,有了成功的事业,他才能为家庭所有的开销买单。所以,爱丈夫的事业,也是爱自己的婚姻,爱自己的家庭,更是好好爱自己的表现。

与丈夫的事业为敌,他会夹在中间痛苦不堪;与丈夫的事业为敌,你会令自己陷入生活的漩涡,忽视了丈夫对你的好;与丈夫的事业为敌,你的丈夫可能会为了事业与你为敌。男人要成就一番大业,势必会冷落了妻子,这时候,妻子应该理解丈夫的苦衷,给他支持,而不是埋怨他,与他的事业为敌。如果妻子真的不甘寂寞,就努力提升自己的能力,成为丈夫事业上的左右手,让他因为事业而给你更多的关注和爱。

第 15 章
女人怎么表达你的情感

在男人和女人的世界里,情感的表达实在是一门高深的学问,表达得当,对方把你融进心里;表达不当,对方就会把你排挤在安全距离以外,让彼此的心越走越远。女人要为自己的感情负责,就要学会经营婚姻和爱情,让他看到你的好、你的真,甘愿一辈子在你身边,做你可以依靠可以信任的守护神。

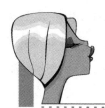

让你的"风情"恰到好处

都说女人要风情万种,才会俘虏男人的心,让男人弱水三千,只取一瓢饮,乖乖留在你的身边,从此以后再也不会对其他女人动心。恰到好处的风情,会让男人觉得你像一个谜,充满了神秘;像一首诗,意味隽永;像一副画,寥寥几笔,却勾勒出人间春色无数。

当一个女人对一个男人表露风情的时候,说明此男子正是这个女人梦中的白马王子,是女人想要携手共度一生的那个人。这时候,男子如果也有意,可以"执子之手,与子偕老",与这个风情万种女人共谱爱情的乐章。

可是,女人的风情是讲究方式方法的,恰到好处的风情,可以尽显女性魅力,令男人回味无穷,但过度的风情,则可能让人把你误认为潘金莲,对你敬而远之,或者只想与你随便玩玩而已。所以,女人的风情,切不可乱用,若用错了地方,则可能毁了自己的一世英名。

风情女星张曼玉,向来我行我素,个性爽朗,镜头前的她总是妩媚妖娆,荧屏中的她更是韵味十足。虽然岁月的痕迹略有显现,但万种风情,却没有一丝褪色。

在经典电影《青蛇》中,张曼玉把青蛇的妩媚演绎得淋漓尽致。小青精灵狡黠,欲迎还拒地发散出热烈的气息,妩媚十足。眼神勾魂摄魄,身姿婀娜风流,眉角含春,眼波流慧,丹唇外朗,皓齿内鲜,到处都迷漫着令人销骨蚀魂的味道。

说起《花样年华》,张曼玉的风情依旧不减。那一套套贴身的华丽旗袍,时而忧郁,时而雍容,时而悲伤,时而大度,每一件,都代表了女主人的心情。

张曼玉的万种风情,在《新龙门客栈》中发挥到了极致。她演绎的金镶玉,是沙漠里傲然独立的一株仙人掌,我行我素,泼辣狂妄,放浪不羁,令人看了一眼,就永生难忘。

恰到好处的风情,使张曼玉成了几代人的梦中情人。虽然她已很久没有新作,但只要提起她,那万种风情,依旧是人们津津乐道的话题。

风情,像附在女人身上的精灵,无色无香,令人捉摸不透,既是可以藏匿的,也可以充分外泻的,但要取决于时间、地点等等外界因素。风情的真谛,不是性感,也不是风骚,而是成熟女人浑身上下所透露的意犹未尽的韵味。

"回眸一笑百媚生,六宫粉黛无颜色",说到风情万种,总会想起杨贵妃。千娇百媚到了极致,温柔处展现的是细腻,明媚处彰显的是清丽,娇艳处展露的是精致,高傲处流淌的是澄净,豪迈处张扬的是飘逸,真是让人艳羡不已。如杨贵妃一样风情万种的女人,像花,又像树,摇曳在风中,妖娆多姿,枝繁叶茂,从里到外透露的都是迷人的气质。

风情万种的女人,浑身散发着迷人的气质,亦刚亦柔,亦庄亦谐,由内而外,由外及内,那通体的钟灵毓秀之气,是上上层的女人味。风情,即情怀、意趣,风情万种,即万般的情怀,万般的意趣。风情万种的女人,是何等的情怀缤纷、意趣无限啊。

风情万种的女人,绝少不了"千娇百媚",而"娇"与"媚"又是如影随形,不可分割的,"媚"女人必须先会"娇"。会撒娇的女人娇憨可人,惹人怜爱;会撒娇的女人嗲声嗲气,却又不是矫揉造作;会撒娇的女人撒起娇来,百媚顿生,风情万种。

都说会撒娇的女人最占便宜。工作中出了错,对男上司撒个娇,说几句好听的话,男上司会不忍心过多地责怪你。生活中对老公撒个娇,会让老公觉得你很可爱而更加爱你。甚至对女人撒个娇,也很快会获得别人的谅解,让别人狠不下心来再跟你一般见识。

女人的风情,敛与放的分寸也是最为重要的,若是过于收敛,也许端庄、典雅,但韵味不足,淡漠无吸引力。可过于张扬、放逐,频抛媚眼,扭腰摆臀,那就流于放纵而显出风尘味,未免会被主流社会所侧目了。恰到好处的风情,不仅是男人,连女人都忍不住要多看几眼。

风情是女人的一种韵味,是女人内心的风景。它将女人出色的智慧,卓越的能力,自信的风度量化为至诚,至真,至纯的风韵与情致,无色无香,无形无态,令人捉摸不透。当女人将万种风情表现得恰到好处的时候,估计所有的男人都会拜倒在她的石榴裙下,甘愿为她赴汤蹈火,在所不辞。

做个会爱的女人

这是一个很好的女孩,漂亮而自信。她的那个他自然也是很出众的,他是个医生,玉树临风,极讨女孩子的欢心。他约她到常去的茶社,送她一本贾平凹的书,书上说:结婚十年就没有感情了,剩下的只是日子。其实,有很多人是无法走过那么多的春秋的,爱情有时真得很累,就像背着沉重外壳的蜗牛,在生活的道路上慢慢爬……我们是不是见好就收? 彼此保留一份美丽?

她有着刹那间的迷糊,然后听到他满怀歉疚地说:"对不起,因为不爱了,只怕是继续,也是对你的伤害!"

她内心翻江倒海,想哭,却极力忍着要冲出眼眶的泪水。她隐约知道那个女孩,是一个护士,他常常夸她才貌双全,胆大细心。纵使心下酸意直冒,她也故作大度,毕竟两个相爱的人,总要互相信任才好。只是没想到,等待自己的依旧是琼瑶笔下俗套的结局,医生护士夜半时近距离的接触,让她败给了第三者。

她定定神,一下子站起来,努力挺直脊梁,大声说:"啊,不要对不起,我还是要谢谢你,谢谢你陪我从 20 岁一直走到 24 岁!"眼睛里有眼泪在转动,她却拼命收回,再次谢过他破费的茶和书,她走出了茶社的大门。

男人没有了,爱情没有了,生活还得继续。她搬了新家,换了一份工作,彻底地在他的世界里消失。他从她朋友那里得到了关于她的消息,偷偷等在她必经的地方,想看看那个被自己伤害了的女孩现在过得好不好。然后,他看到她换了发型,脸上也重现了昔日的光彩,他这才明白,她真的缓过来了。

这是一个会爱的女孩,很会宠爱自己。既然缘分已尽,与其在指责中互相伤害,与其在报复中两败俱伤,与其在卑贱的纠缠中双双枯萎,不如记得彼此的好,大度的放手。有时候,正因为懂得放弃,才能在情感的废墟上,开出新的花朵。

艾森豪威尔曾说:"生命带给女人的最伟大生涯,就是做个妻子。"作为妻子的女人,无一不热爱自己的家庭、丈夫和孩子,但"愿爱"和"会爱"又是两个不同的概念,而幸福与不幸往往就产生于这微妙的"不同"之中。

女人初嫁,一般都说自己是如何如何地会爱,时间长了,就会感觉到爱的压力。爱是需要用毕生的努力来维系和更新的,因为,一纸婚约并不能永守一颗心。女人要想让爱情在婚姻中永葆甜蜜,就要学会如何做一个会爱的女人。女人只有会爱才能被爱,爱人,是被爱的先决条件。

女人的一生,注定要比男人付出更多的爱:结婚之后要爱自己的老公,有了孩子要分一份爱给孩子,还要时时想起自己的父母身体怎么样,过冬的棉袄是不是已经准备好了。女性用爱和世界打交道,只要会爱,就能够将敌人变成自己的朋友,将恨转化成爱,将百炼钢化为绕指柔。

一个会爱的女人,首先会爱自己。每天都把自己收拾得漂漂亮亮的,让自己每一刻都光彩照人,既让别人赏心悦目,又不辜负上天对女人的垂爱。她会重视自己的身体健康,定期去做体检,不会为了减肥而节食。同时,她还会努力提高自己的综合素质,让自己由内而外焕发出一种自然美。

一个会爱的女人,在理智和情感的把握上很有分寸。她能够认真地对待自己的工作,因为她知道工作是独立的保证,是她不依附男人的筹码,让自己在爱情领域占有优势。在空闲时,会爱的女人可以通过运动、看电影、逛街、美容或者煮花茶、听音乐、看书等方式来体验生活的美好。她深爱自己的男人,但是不会把自己的所有精力都放在男人身上,因为会爱的女人知道,只有先学会爱自己,男人才会爱你。

一个会爱的女人,会让爱人知道自己有多爱他。男人并不排斥对自己的家庭和女人尽义务,如果他能够明确地知道他的妻子多么爱他,他的妻子又是多么陶醉于与他共处的幸福之中,他会义无反顾地为家庭和妻子牺牲一切。反之,如果男人对家庭和女人的感受没有把握甚至产生多余的担心,就会在婚姻中患得患失,甚至忘记自己作为一个丈夫的职责。

会爱的女人是山,端庄大方;会爱的女人是水,柔情绵绵;会爱的女人是书,满腔智慧;会爱的女人是港,安全可靠。爱是一把万能的钥匙,女人用她开启通向别人心灵世界的大门。一个会爱的女人,总能得到上帝的厚爱,让全世界的爱将自己紧紧包围。

争吵有度,和好有方

夫妻相处几十年,磕磕绊绊总是难免的,再恩爱的夫妻,也有吵架拌嘴的时候。吵架不要紧,适当的吵架还能巩固彼此的感情。但吵架是讲究艺术的,像泼妇似的在大街上破口大骂就太伤夫妻间的和气了,实在不是什么明智之举。

宋明是出了名的"妻管严",家里的大事小事,都是妻子王萍说了算。看着儿子在家中这样没地位,宋明的母亲心里很不是滋味,看儿媳妇自然也有些碍眼。婆婆不喜欢自己,王萍自然也不会给她好脸色。

于是，王萍经常在宋明面前说婆婆的坏话，说婆婆故意刁难自己，说婆婆是家里的负担。宋明从小就没有爸爸，是母亲一手将自己拉扯大的，所以他对母亲有很深地感情。王萍说自己，他可以不计较，但牵扯到母亲，就没那么简单了。生平第一次，宋明和王萍吵了起来。

　　被宋明宠坏了的王萍，没想到丈夫会为母亲和自己吵架，心里很不是滋味，所以很多难听的话都冒了出来，她说宋明的母亲是个扫把星，克死了丈夫，养的儿子也没出息。宋明气坏了，当场把王萍推到在地，叫喊着要和她离婚。

　　王萍没想到事情会发展到这个地步，想和宋明讲和，但宋明说什么也不原谅她，毅然决然和她离了婚。

　　吵架吵过了头，大概就不是"床头吵架床尾和"那么简单的事了。脾气再好的人，也有自己的敏感地带，这些地带，是女人无论如何都不能碰触的。争吵讲究一个"度"，要适可而止，否则，婚姻就有可能陷入僵局。

　　所谓"君子动口不动手"，夫妻争吵时，不要动不动就大打出手，把对方弄得鼻青脸肿的，这实在是有失风范，也摧毁了二人苦心经营的爱巢。男人被女人打，毕竟不是什么光彩事，传出去了，男人可能会因为面子或舆论的压力做出一些极端的事情。

　　有道是"打人莫打脸，骂人不揭短"，任何人都讨厌别人恶意揭短，这样做只会激怒对方，扩大矛盾，伤及夫妻感情。妻子攻击丈夫的缺点，固然可以让你在言论上处于上风，但在丈夫的心理上，却造成了不能愈合的伤口。人在被说到痛处的时候，根本就不知道理智为何物，更别奢望他能冷静处理两人之间的问题了。

　　夫妻总归是夫妻，如果双方矛盾没有到达不可调和的地步，和好是必然的结果。和丈夫和好，也是讲究方式方法的。如果女人深谙和好的秘诀，争吵不仅不会破坏彼此的感情，还会成为你们之间的调和剂，让你和丈夫越来越如胶似漆，幸福甜蜜。

李月的丈夫一直忙于工作，很少有时间陪她，为此，李月和他大吵了一架，之后，两人陷入了冷战状态。两人同在一个屋檐下，却谁也不和谁说话，这种日子，李月还真是不习惯。其实，李月也知道，丈夫并不是故意冷落自己的，自己也有些后悔不该和丈夫争吵。

　　这天，丈夫一个人在客厅看电视，李月在厨房做饭，突然，厨房传出一声尖叫，丈夫急忙跑到厨房，看到李月的手指正在流血。丈夫急忙找出药箱，为李月包扎伤口。看着丈夫关心的表情，李月的鼻子一酸，哭着说："老公，对不起，我不是故意和你吵架的。男人本来就应该以事业为重的，是我不够大度，让你为我烦心。"

　　看着妻子流血的手指和满脸的泪水，丈夫心疼地说："老婆，是我不对，以后我一定多抽出时间陪你，不再让你难过了。"

　　就这样，李月和丈夫和好了，而且从那以后，丈夫在家的时间比以前多多了。其实，丈夫不知道，那个伤口很小，是李月故意划破的，为的就是让他心疼。

　　聪明的妻子，绝不会任吵架的情绪在彼此之间蔓延，她会在适当的时候，以对自己最有利的方式，既不伤害丈夫的感情，又让他认识到自己的错误。妻子和丈夫朝夕相对，必定知道他的软处所在，何不在他的软处做点文章，让他做一个舍不得和你吵架的好丈夫。

　　和丈夫和好的时候，女人千万别顾及面子之类的无聊问题，那是婚姻幸福的大忌。向丈夫示弱，真诚地表达你的想法，送丈夫一件贴心的小礼物，这些都是和丈夫和好的方法，也是修补争吵漏洞的强力胶，可以让彼此在争吵中越来越美丽。

　　争吵要有度，和好要有方，这是夫妻吵架的前提，只要不违背这个大原则，女人可以尽情发挥自己的优势，小惩一下有些忽视自己的老公。相信，即使老公发现了你是故意的，也不会对你过多地指责，说不定，他还会很享受你那些有趣的行为，为有你这样古灵精怪的老婆而感到幸福。

别做婚姻的文盲

婚姻也是需要学习的,而且还是一门大学问。结婚以前,我们觉得结婚只是男女双方两个人的事,与其他人无关。结婚以后才发现,婚姻不光是相爱的两个人的结合,还牵扯到两个家庭的幸福。尤其对女人来说,嫁到婆家以后,生活习惯、饮食习惯都不一样,而且还失去了自由,不像在自己家一样,想干什么就干什么,想说什么就说什么。

于是,矛盾就慢慢出现了,刚开始为了丈夫,还可能会忍着不说,当矛盾越积越多的时候,控制不住的情绪就会像火山一样喷发了。其实,如果我们在结婚之前,适当地了解一下在婚姻生活中应该注意些什么,完全可以避免这种情况的出现。

许多年来,凡是坚持请安德鲁证婚的那些男女们,必须坦白地跟他讨论他们未来的计划。由这项讨论所获得的结果,他得到了一个结论,就是那些急于结合的男女,基本都是"婚姻的文盲"。

在世界各地,每天都有很多对青年男女开始他们的婚姻生活,同时又有很多对夫妻结束他们的婚姻生活。有很多人,对他们婚后的生活并不满意,认为进入婚姻以后的生活质量远远没有达到他们预期的目标。

导致这一现象产生的根本原因,就是我们对婚姻缺乏一个正确的、透彻的、清醒的认识。或是把婚姻看得过于浪漫,或是把婚姻看得过于理性,于是"婚姻文盲"这一个词也就相应诞生了。卡耐基就"婚姻文盲"进行过分析,发现这类女性对婚姻的主要认识存在以下误区:

1. 爱情等于婚姻

爱到深处时,我们选择嫁给了和自己相爱的男人。原以为爱情就是婚姻的延续,没想到结婚以后,丈夫再也不像以前那样对我们体贴入微百依百顺了。不再陪我们逛街,说太累,不再带我们去吃大餐,嫌破费,甚至连情人节的玫瑰都省了。看着街上年轻的女孩一个个手里捧着鲜红的玫瑰,我们忍不住流下了伤心的眼泪,觉得男人不像以前那样爱我们了,自己选择跟男人结婚根本就是个错误。

2. 都是丈夫的错

结婚以后,男人的心基本上都安定下来了,觉得一纸婚书已经把女人牢牢地拴在了自己的身边,所以,就不会再像以前那样花心思去讨好女人了。所谓成家立家,家已经成了,但业还没有立起来。为了立业,男人会把大部分时间和精力,从女人身上转移到工作和事业上,想通过自己的努力,获得更高的职位赚更多的钱,让女人和孩子从此以后过上衣食无忧的生活。

作为女人一定要理解,千万不要为了男人因为工作忽略了自己,而跟男人闹别扭,一有不顺心就把错全部推到男人的身上。对于在外面忙了一天的男人来说,家和女人就是他避风的港湾,如果连妻子都不理解他,他在外面辛苦打拼有什么意义呢?

3. 婚姻无需浪漫

喜新厌旧是人的天性,也是人类进步的原始动力。没有人会喜欢一成不变的生活,包括女人。记得曾经看过一部电影,里面有一段情节,给人印象非常深刻。男人每天下班回家,女人都在厨房里忙碌,穿着一样的紫色的毛衣,围着一样的围裙,晚饭不会问肯定是炸酱面,没多久这个男人就崩溃了,跟女人大吵了一架后,毅然决然地离了婚。其实女人很贤惠,男人也知道,但他就是受不了这种一点变化也没有的婚姻生活。

婚姻要务实没错,但更需要浪漫来调剂。给丈夫时不时来点意外的小惊喜,比如送他一个他一直想买却舍不得买的剃须刀,或者两个人像恋爱时那样手牵着手走在大街上,每天都花点小心思制造一些小浪漫,让他觉得每天的生活都不一样,充满了新鲜感,这样他才不会动心思去外面找感觉。

4. 夫妻之间无需沟通

结婚时,我们都以为对对方已足够了解,所以才放心地跟对方结了婚。可事实上,扪心自问,我们对对方真的了解吗? 如果真的了解,就不会跟对方发生矛盾,就不会跟对方争吵。就连很多在一起生活了一辈子的夫妻,也不敢说对对方完全了解,因为人心是这个世界上最难以琢磨,而又最善变的东西。所以,无论对男人还是对女人来说,沟通都是必须的,有什么想法及时地说出来,跟对方交换意见,这样我们的夫妻关系才会更融洽。

5. 夫妻之间没有秘密

很多女人都觉得,爱男人就应该对男人毫无保留,就像歌里唱的:没有秘密,彼此很透明。可事实上,很多女人这样做了以后,却发现男人根本不领情,还动不动拿过去的事情刺激她。男人的占有欲通常比女人更强,所以他才希望爱的女人是完完全全属于自己的,如果他知道情况不是这样,他就会很痛苦,认为女人欺骗了他。所以,为了双方都好,女人千万要记住,不要在男人眼中成为透明人,有些事还是烂在肚子里比较好。

6. 丈夫是属于自己的

不要让丈夫觉得跟你结了婚以后,就像被判了无期徒刑,一点自由的时间和空间都没有。不要忘了,丈夫只是你的伴侣,只是陪伴你走完剩余的人生的那个人,而不是你的私人物品,什么事都必须得听你的。和我们一样,他也有父母,他也有同事朋友,他也需要偶尔到外面呼吸一下新鲜的空气。只要我们成为他心中的牵挂,就算他走得再远,也会记得回来的路。

女性若成为婚姻的文盲,无疑会在婚姻中迷失自己,多掌握一些与婚姻有关的知识,会使你终身受益。掌握了婚姻必备的知识,女人才能正确看待爱情和婚姻的差距,才能在婚姻的不完美面前保持平和的心态,才知道如何经营好自己的婚姻。

要知道,成功的婚姻不是偶然发生的,而是要用心好好经营的。爱和幸福不是从天上掉下刚好砸到了我们,而是先由我们付出,经过精心培育,再获得的回报。婚姻是一辈子的事，提前知道其中的秘密，是对自己负责，也是对丈夫负责。

别拿出轨报复他

何燕发现丈夫在外面有了别的女人，而且对方还怀了他的孩子。和丈夫摊牌后，丈夫说会和那个女人断绝来往，也会劝那个女人将孩子打掉。可是。何燕知道，丈夫并没有兑现自己的诺言，而是在外面租了一间房子，把那个女人养了起来。

何燕没有勇气离婚，因为他们有个儿子，她不想给孩子幼小的心灵造成伤害，可是看着丈夫得意洋洋的样子，何燕的心里极度痛苦，于是想以出轨报复丈夫的背叛。

有了这个想法后，何燕开始留意跟男人的交往，很快她的一个客户表示了对她的同情，在那个男人的安抚和呵护下，何燕忍不住把自己交给了他。

可是，短暂的愉悦过后，何燕发现自己的心并没有因此而轻松起来，肉体的出轨让她失衡的心态有所平衡，却并没有让她的精神状态好起来。

就在何燕几乎要下定决心结束这种出轨行为的时候，丈夫气势汹汹地赶回了家，拍着桌子怒斥她是一个放荡的女人，然后留给他一张离婚协议书，头也不回地拂袖而去。

丈夫没有给何燕留下一点财产，而且这件事被人传了出去，邻居们每天都在她背后指指点点，说她是个不干净的女人，就连孩子也不再像从前那样和自己亲近。众叛亲离之后，何燕深深意识到，拿出轨报复丈夫，实在是愚蠢之极。

丈夫出轨了，最受伤害的肯定是妻子，海誓山盟犹在耳畔，事实却戳破了所有的谎言。爱得越深,恨得越浓。但千万不要以不当的方式报复,因为在这种报复方式中,最受伤的人,还是女人自己。

受传统观念的影响,人们在对婚外情的评价上有双重标准:男人有点儿花心容易被人理解,只要他们没有破坏家庭,妻子一般也能原谅他;女人如果有了婚外情,给男人带上了绿帽子,那就是男人的奇耻大辱,是最丢人的事。他们自己可以在外面寻花问柳,却绝不允许自己的女人有一点儿花心。他们不会像女人那样温情地拉他回家,有的只有对你的憎恨和断然离开。

用出轨报复丈夫是错误的,为自己犯的错误买单的应该是他而不是你。如果你不爱他了,这正是离开他的最佳时机,他知道自己的错误,这等于为你积攒了筹码,你会省去很多麻烦,同时为你争取更多的主动权。

如果你还很爱他,这种想法也只是你的一种发泄方式,并不代表你可以真的做到放纵自己去出轨。试想:你已尝到他出轨对你造成的伤害,你还会忍心伤害他吗?男人就像小孩子似的爱玩,玩够了会回家的,他们可能是对婚外恋好奇,也可能对现在的状态有些乏味,只要你用宽容的心去包容他,度过爱情疲劳期,他终有一天会乖乖回家的。

虽说现在社会开放,但名节对于一个女人而言还是至关重要的,丈夫出轨后还可以找到更好的女孩,但背着一个不贞的罪名,你如何再去追寻自己的幸福呢?男人或许可以接受一个因双方性格不合而离婚的女人,但绝对不会将一个曾在婚姻中出轨的女人娶回家。所以,女人用出轨报复丈夫,不仅否定了自己之前的努力,更是断送了日后的幸福,实在是得不偿失。

在婚姻的漫漫长路中,男女双方都会有犯错的可能,可如果你用这种极端的方式报复他,那最后谁也不能得到真正的幸福。很多时候,男人的出轨只是一时失足,身为妻子,如果处理得当,那不仅能挽回自己岌岌可危的婚姻,还能加深你和丈夫的感情,巩固你们婚姻的基础。

拿出轨报复丈夫,无疑是处理婚外恋问题的最愚蠢行径,会把事情变得更加复杂,涉及的人也会陡然增多,不仅不能解决问题,还会使两人的关系更加恶化。并且,本该属于自己的权利,如经济、道德方面的,也会完全消失,自己损失惨重,还贻笑大方,万不可取。

女人的幸福,在自己手中,当丈夫对不住自己的时候,如果处理得当,你还可以拥有幸福,但如果处理不当,就只会让自己成为丈夫出轨的牺牲品。被心爱之人背叛的命运已经很悲惨了,女人又何必把自己搞得更可怜呢。女人只有自爱,别人才会爱你,想要幸福,就要好好把握自己被爱的条件。

第 16 章
一名好妻子所应做到的

妻子撑起家中的半边天,是家中最温馨最伟大的角色,一个好的妻子,能够为家人做得很多,一个好的妻子,知道有些事自己无论如何都不能做。妻子在家中找到了自己的定位,婚姻就有了正确的航向,丈夫和孩子也有了幸福的归属。在婚姻生活中,妻子要懂得自制,不伤害自己的家庭,要尽自己最大的努力,让家成为家人最温馨快乐的港湾。

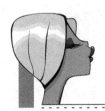

情妇给你的启示

情妇这个字眼,绝对是女人的禁忌,如果婚姻有情妇插足,那你正宫的地位就如狂风暴雨中树上的鸟巢,岌岌可危。我们虽然厌恶情妇,但也不妨从她们的身上汲取一些好的东西。

张佳音的丈夫在外面有了别的女人,而且丈夫对那个女人很是迷恋,甚至为了那个女人不惜和自己离婚。张佳音很是痛苦,她觉得自己是个被遗弃的女人,所以将自己关在家里,不吃不喝,也无心打扮。

好友来看她,一进门,就被张佳音家中的凌乱吓了一跳,说实话,如果张佳音不是自己的好朋友,她真不想在这里待一秒钟。

恰巧,这天张佳音的丈夫回来拿东西,见到丈夫,张佳音浑身的刺又竖起来了,一阵激烈的争吵之后,丈夫毫不留情地摔门而去。

丈夫走后,张佳音开始向好友抱怨丈夫的无情,咒骂那女人破坏自己的家庭,然后呜呜地哭了起来。

等张佳音哭完之后,好友冷静地对她说:"我想,那个女人一定很漂亮,不会和你的丈夫争吵,家里也收拾得很干净。"

"她成天什么都不做,自然有时间打扮自己,收拾家务。她见了我丈夫,就像老鼠见了猫,说什么是什么,这是她勾引我老公的手段。"张佳音不服气地说。

"那么,如果你是男的,你是愿意和一个漂亮、爱干净、听话的女人一起生活,还是想和一个粗俗、邋遢、整天和自己吵架的女人共度一生?"朋友反问道。

张佳音无语了,她只知道丈夫背叛了自己,却从没有想过他背叛的原因。

"那个情妇介入你的家庭固然不对,可她既然能让你丈夫抛弃你,就必然有她的过人之处。如果你一味的怨恨别人却不从中吸取教训,那你在另一段婚姻中,还是会面对同样的问题,到时候,你可能还是无法摆脱被抛弃的命运。"朋友很客观地说出了张佳音的问题。

听完朋友的话,张佳音似乎有所觉悟,她起身收拾家务,并打开了自己许久打开过的化妆盒。

所谓"苍蝇不叮无缝的蛋",如果你的婚姻本身并没有问题,那情妇的手段就算再厉害,也绝不能令你的丈夫心动。如果丈夫有了情妇,那妻子肯定有不足之处,而情妇恰巧弥补了这种不足。面对情妇,妻子在敌视的同时,也要学习她的可取之处,不断积聚自己的力量,使自己更加完美,进而减少婚姻的漏洞。

美貌是吸引男人最大的资本。一些女人,结婚之后就把自己置身于柴米油盐当中,不再热心于打扮。渐渐地,杨柳细腰变成了虎背熊腰,妙龄少女也变成了蓬头垢面的黄脸婆,再也不能给丈夫赏心悦目的感觉。爱美是女人的天性,但欣赏美丽却是男人的天性,女人即使结了婚,也要像情妇那样热衷于打扮。如果你的美貌不亚于情妇,又何须担心她会动摇自己的地位呢?

浪漫不是女人的专利,男人也希望生活可以过得有滋有味。男人出轨的一个很重要的原因,就是老婆结婚后就失去了婚前的浪漫,生活单调得没有任何滋味。情人追求的烛光晚餐,游轮之旅,极大地满足了男人对浪漫的渴望,出轨也就变成了顺理成章的事情。如果浪漫是情妇的优势所在,那妻子也可以将浪漫进行到底。和丈夫重温一次蜜月之旅,时不时打个电话诉说自己的思念之情,像孩子一样在他怀里撒娇耍赖,只要你比情妇更浪漫,她们自然不会对你构成任何威胁。

思想家霍姆斯说过:"爱情是互换欣赏、互换赞美的令人心旷神怡的精神交往。"女人的赞美,是男人最大的满足,情人善于用赞美给男人灌迷汤,妻子却想尽办法数落丈夫的不是。看着丈夫被情人用赞美蛊惑得神魂颠倒,做妻子的也该自我检讨一下,想想自己是不是该给他一些赞美了。赞美他才华横溢,赞美他吃苦耐劳,赞美他心疼老婆,赞美他孝顺父母,赞美他心胸宽阔,赞美他正直不风流,赞美他能利用休息时间挣钱,赞美他对孩子很耐心……你每赞美一次,丈夫就会多爱你一点,你们的婚姻也就会多幸福一点。

情妇给女人的启示,还有很多,妻子可以根据自己的实际情况,和情妇学两招留住男人心的妙招。不要认为和情妇学习是一种耻辱,被她鸠占鹊巢才是真正的可悲。妻子和情妇的较量,胜负不在谁对谁错,而在于谁更能抓住男人的心。将情妇踩在脚下,你鄙视她,被情人打败了,被她鄙视,战胜情妇唯一的方法,就是你比她更强。

做应对情感风波的高手

女人在婚姻的路上,有时就像在大海上航行,时而波涛汹涌,时而风平浪静。没有一个女人愿意自己的婚姻存在感情上的风波,因为那意味着你苦心经营的家庭有可能从此四分五裂。可是,外面世界的诱惑,男人寻求刺激的心理……种种原因还是把女人推到了感情风波的风口浪尖。这时候,女人要学会像个武林高手那样,学几套应对感情风波的上乘武功,几招之后,就轻而易举地使自己化险为夷。

有一个妻子,知道丈夫出轨之后,没有哭,也没有闹,只是平静地对他说,你出轨了不要紧,只要回头就行。

丈夫听了妻子的话后一脸惊讶,他以为家里正有一场狂风骤雨正等着自己,自己也想出了各种应对的方法。可是,他万万没想到,妻子竟只对自己说出了这样一句简简单单的话。

那晚,妻子带着丈夫把多年来两人一起走过的路又都重新"走"了一遍。

丈夫是学校里的风云人物,妻子是学校的校花,两个人在学校的林荫道上不期而遇,然后走在一起,羡煞了学校所有的痴男怨女。

两个人想要组建家庭的时候,妻子的家人不同意,他们认为丈夫没有经济能力,不能让自己过上好的生活。可妻子非丈夫不嫁,用绝食表示抗议。后来父母没办法,只得同意两人的婚事。

刚结婚的时候,两人的工资只有一两百块钱,那时两人每日起早贪黑、省吃俭用,在一个只有十平米的房子里规划着未来的蓝图。

在女儿出生的那一天,丈夫抱着两个人爱的结晶,在妻子头上深深一吻,然后信誓旦旦地表示将来一定要给妻子和女儿最好的生活,自己的臂膀永远是她们最安全的港湾。

后来,他们再也不为钱发愁了,两人有了自己的房子、车子,还有了自己的工厂,过上了衣食无忧,人人羡慕的生活。

能走到今天多么不容易啊,妻子说自己很珍惜现在的家庭,很爱自己的丈夫,希望等到儿孙满堂的时候,两个人能手牵着手一起看日落。

谈到最后,妻子已泣不成声。老公对自己的行为后悔不已,心疼地将妻子搂在怀里,说再也不会和那个女人来往了。于是,一场摇摇欲坠的婚姻风波就在妻子的娓娓道来中平息了。

当婚姻出现危机的时候,女人千万不要抓住男人的过错不放,甚至还上演一哭二闹三上吊的戏码。相信在你正不知所措的时候,男人也正在困惑当中,这时候,谁掌握情感的主动权,事情就有可能按照谁的剧本上演。在风波面前采取极端的手段,只会将自己的丈夫越推越远,甚至将他推进其他女人的怀抱。

当事情已经发生的时候,我们没有办法改变,唯一能做的就是理智面对,将伤害降到最低。情感的风波并不意味着婚姻的结束,只要理智面对,一切还有重新来过的机会,但如果你不能保持理智,就只能做婚姻的牺牲者,被人三振出局。

应对情感上的风波,理智的女人不会把家庭变为战场,企图通过吵架,监视等手段解决问题。她会首先自我反省,从婚姻内部找到症结所在,然后对症下药,解开丈夫的心结,让丈夫看到自己的好,在自己身上找到生命的归属感。

婚姻就像拔河,靠的是耐心和信心。男人有时会犯点错误,但女人千万不能太过认真,只要拥有一颗宽容大度的心,男人再跑也会像高飞的风筝,线还牵在你手里。婚姻需要宽容,需要智慧,宽容的爱让婚姻飞跃障碍和危机,给彼此幸福和机会。

宽容可以净化人的心灵,宽容可以令人迷途知返,宽容经得住世间所有的考验。每个男人都想要一个贤惠的妻子,面对妻子的大度,妻子的好会被放大无数倍,这时候,往事种种,历历在目,外面的莺莺燕燕就算叫得再动听,也比不上妻子一个理解的微笑,一双想要牵着丈夫回家的手。

当婚姻受到威胁的时候,女人还要学会该装傻时就装傻。就算你天生有一双火眼金睛,可以将事情弄得水落石出,可到时候,最受伤的还是你自己。适当的装装傻,你会觉得天是那么蓝,水是那么清,花儿是那么美……装傻是一种境界,是聪明人为保护并延续自己的幸福所为。女人只要会装傻,男人无论在外面怎样花天酒地,你的婚姻一定是"西线无战事",固若金汤,百邪不侵。

两个人今生能够相遇,本身就是一种缘分,能够结为夫妻,更是千年修行的结果。对现代人而言,婚姻生活一路顺风顺水,已经变成一种奢侈。如果风波真的无可避免的话,女人就要做个将所有事情都洞察于心的高手,以自己特有的智慧将一切摆平。经历过坎坷的夫妻,会更加珍惜彼此,经历过考验的婚姻,也更加牢不可摧。

做好贤妻良母

刘英是一个普通的农村妇女,守着丈夫和两个儿子过着平凡的生活。突然有一天,平时身体健壮的丈夫突然因病倒下了,辗转于多家医院,最后被诊断为脑瘫。这场突如其来的灾难将家中所有的负担都压在了刘英身上。

面对灾难,刘英没有被吓到,她将当时正在读小学的两个孩子交给老人照顾,自己则一心一意照顾丈夫。

在医院治疗几个月后,丈夫的病情逐渐稳定,但从此半身不遂。医生建议他们带药回家治疗,回到家里,丈夫只能躺在床上休息,衣食住行都要刘英照料,从此,人们总能看到刘英忙里忙外的身影。

为给丈夫治病,刘英花掉了家中所有的积蓄并且负债累累,而且丈夫后期治疗不能断药,两个孩子读书也需要钱。为解决家里的负担,刘英想到了外出打工挣钱,但又丢不下丈夫和孩子。最终她决定在家里一边照顾丈夫一边养几头猪,以补贴家里的开支。

刘英说干就干,从亲戚家借了几千元钱,开始摸索着养猪,而且还取得了不错的成绩,从开始的两三头到后来的十几头。随着养猪数量的增多,工作也越来越繁重,为了节省饲料,刘英就到附近餐馆收集残水,然后一担担挑回家。

家庭的重担并没有使刘英忽视孩子,尽管很忙,但她每天还是会抽出时间去看望孩子,了解孩子的学习状况,并鼓励他们和其他的小朋友建立友好的关系。

10年过去了,刘英偿还了家中所有的债务,并且在她的精心护理下,丈夫已能柱着拐杖慢慢行走,身体状况逐渐好转,两个孩子也十分争气地考上了大学。

当女人穿着婚纱走向自己的那个他的时候,都会想象自己将来会成为一个好妻子,一个好母亲,会尽自己最大的努力让家里的每一个人都感到幸福。可面对生活的变故,世事的多变,女人真的能够实践自己当初的梦想,成为一个名副其实的贤妻良母吗?

《红楼梦》中的贾赦看中了贾母身边的丫环鸳鸯,他的妻子邢夫人便忙不迭地亲自出马张罗,又是找鸳鸯谈话,又是找鸳鸯的哥嫂递话,又是到贾母那里去打探信息,结果碰了老大一个钉子,连贾母也不以为然地说:"你倒也'三从四德'的,只是这贤惠也太过了!他逼着你杀人,你也杀去?"

男人有糊涂的时候,有犯错的时候,还有不可理喻的时候。真正贤惠的妻子,不是无原则地对丈夫百依百顺,而是即时纠正他前进的航向,让他迷途知返,重归正途。在某种程度上,丈夫犯错,做妻子的负有一定的责任,因为她没有扮演好监督的角色。

孟子小的时候,住在墓地旁边。孟子就和邻居的小孩一起学着大人跪拜、哭嚎的样子,玩起办理丧事的游戏。孟子的妈妈看到了,就皱起眉头说:"不行!我不能让我的孩子住在这里了!"

孟子的妈妈就带着孟子搬到市集旁边去住。到了市集,孟子又和邻居的小孩学起商人做生意的样子。一会儿鞠躬欢迎客人、一会儿招待客人、一会儿和客人讨价还价,表演得像极了!孟子的妈妈知道了,又皱皱眉头说:"这个地方也不适合我的孩子居住!"于是,他们又搬家了。

这一次,他们搬到了学校附近。孟子开始变得守秩序、懂礼貌、喜欢读书。这个时候,孟子的妈妈很满意地点着头说:"这才是我儿子应该住的地方呀!"于是就在此住下了。

这就是孟母三迁的故事。母亲,负担着教育子女的重要责任,通常情况下,如果子女的教育失败,别人不会将责任归咎在父亲身上,而是指责孩子母亲的不是。一个称职的母亲,会时刻注意孩子的成长状况,针对他不同年龄段的问题做出正确的引导,让他知道什么是对,什么是错,什么事该做,什么事不该做,助他早日成为祖国的栋梁之才。

一个贤惠的妻子,会起早为丈夫做丰富的营养早餐,会在丈夫出差时为他打包好行李,会在生病时提醒他不要忘了吃药;一个称职的母亲,会时刻关注孩子的学习成绩和心理状况,会参与孩子童年每一段温馨的记忆,还会在孩子遇到危险时勇敢地挺身而出。

"贤妻良母"这个成语,听起来很舒服,但背后却有很多的辛酸和无奈,其中蕴含着女性最伟大的智慧,最无私的爱。这样一个妻子、母亲,是上天赐予丈夫和孩子的最好的礼物,也是他们通往幸福之门的必经之路。丈夫是自己的另一半,孩子是自己生命的延续,面对自己生命中最重要的两个人,即使很难,但女人还是乐此不疲、前仆后继地行走在这条辛苦却温馨的路上。

抓住他的人不如抓住他的心

男人在结婚之前有一位十分恩爱的女朋友,但是男人的母亲坚决不同意,甚至以死相逼,男人没办法,只得和女友分手,并和母亲指定的一个女孩结了婚。就这样,那个母亲喜欢的女孩,成了男人的妻子。

女孩知道,男人并不爱自己,可是她爱他啊,从见他的第一面起,就深深地爱上了他,所以愿意忍受一个不爱自己的丈夫,希望丈夫结婚之后能够爱上自己。

女孩是个很好的妻子,男人也对她也很好,偶尔还会下厨为女孩做点好吃的,但女孩并不幸福,因为好多个夜晚,她听到男人在睡梦中叫自己爱的女人的名字。而且,女孩还无意中看到过男人的日记,里面记载了男人对那个女人满满的思念。

男人出了车祸,女孩急急忙忙赶到医院,却看到男人的病床旁坐着一个很漂亮的女人。那个女人走了之后,男人哭了,哭得很伤心。女孩站在门外,将一切看在眼底,疼在心底。她知道,那个女人就是男人爱的那个女人,自己得到了男人的人,却终究没有得到男人的心。

回到家中,女孩收拾自己的行李,留下一张离婚协议书,离开了那个让她伤痕累累的家。她终于明白,空守着一个没有心的躯壳,自己是一辈子都不可能得到幸福的。

爱情从来都是两颗心的相互吸引,单相思的爱情注定要以悲剧告终。一些为爱痴狂的女人高呼:"得不到你的心,我也要得到你的人"。她们用尽一切手段将男人留在自己身边,以为这样自己就可以得到幸福。得不到丈夫的心,婚姻本身就有一个巨大的缺口,这个缺口,是你无论如何都没有办法弥补的。

得不到丈夫的心,女人渴望被爱的情感就永远无法得到满足;得不到丈夫的心,受伤的永远是女人自己;得不到丈夫的心,婚姻就失去了幸福的基础,还能继续走下去吗?女人要想在男人身上找到自己的归宿,紧紧抓住他的心才是根本。

女人心海底针,让人琢磨不透,男人的心又何尝不是呢?女人怎样做才能抓住男人的心,让自己在婚姻的沼泽中自由呼吸呢?

1. 独立自主

男人娶老婆是想有个人能够照顾自己,而不是找个女儿般的老婆给自己找麻烦。所以,不要动不动就给男人打电话,让他帮自己把事情摆平,长此以往,他会认为你是他生活的累赘,会情不自禁想要远离你。

2. 尝试改变

男人天生喜欢新鲜的感觉,如果你总是一成不变,那他一眼就能看到和你在一起的未来。尝试改变自己,让他感觉和你在一起,生活是多彩的,明天还会有很多惊喜。

3. 让家庭气氛和谐

每一个建立家庭的人,初衷都是想有一个让自己安心的港湾,如果你老公回到家总是感觉到硝烟正浓,或者是给他脸色看,或者是婆媳之间有矛盾等着他解决,恐怕过不了几天他就宁愿住旅馆了。

4. 为他煮饭

俗话说,"要抓住男人的心,首先要抓住男人的胃。"外面的饭菜做得再可口,也不可能完全按照自己口味来做。男人一日三餐必不可少,女人煮得一手好菜,男人下班之后自然会乖乖回到你身边,安心守着你不敢再看别的女人一眼。

5. 永不失色的温柔

有人说:"女人存在的理由就是因为她具备男人所缺乏的温柔",女人的温柔对男人有绝对的杀伤力。有了温柔,即便芳龄逝去,花容渐衰,女性之美依然可以绝世独立;有了温柔,再丑的女人都会比那蛇蝎心肠的美人可爱上千万倍。

6. 保持神秘

在男人面前,女人最好不要像张白纸,适当给自己增添一点神秘感。一旦男人发现你的神秘,就会情不自禁去了解你,并在了解中一步步掉进你的爱情陷阱,对你爱不释手、不可自拔。

7. 做个小女人

该撒娇时就撒娇,该任性时就任性,该霸道时就霸道,但是该懂事的时候,也要学会做个善解人意的好女人。男人骨子里是有英雄情结的,他们渴望得到女人的肯定和赞美,而小女人恰好满足了男人的这种心理。

男人的身体只是一副躯壳,灵魂才是有血有肉、最能让女人魂牵梦萦的珍宝,拴住他的人只会让你的人生更悲哀,留住他的心才是你的幸福之道。

其实,男人又不是铁石心肠,面对一个优秀、惹人怜爱的女人,他为什么不爱? 如果你爱的男人不爱你,那只能说明你不够优秀,还需要继续努力。

创造浪漫温馨的家庭氛围

一个浪漫温馨的家庭氛围,是女人的最爱,也是男人的期望。女人希望能在那里找到自己情感的寄托,男人期望在那里找到心灵的归宿。女人作为家中的王后,掌管着"后宫"的一切事务,制造浪漫温馨的家庭氛围的责任,自然落在了她的肩上。

让家中充满温馨浪漫,丈夫在外奋斗才有源源不断地精神动力;让家中弥漫温馨浪漫的气息,孩子才能拥有无忧无虑的童年;让自己生命中最重要的两个人得到幸福,女人心里才能得到最大的满足。

穆瑶一家是小区里有名的幸福家庭,周末的时候,穆瑶的丈夫喜欢在客厅里看报纸,穆瑶则在一帮教女儿做功课。当女儿累了的时候,就会钻进爸爸的怀里,撒娇耍赖让爸爸带她出去玩,而穆瑶也会不甘示弱的和女儿一起"争夺"丈夫的爱。妻子和女儿给丈夫带来的满足,常常让他忍不住幸福的大笑,笑声传到窗外,成了小区里最和谐的音符。

丈夫喜欢踢足球,所以当他和别人踢足球的时候,穆瑶就会带着女儿到球场上为丈夫加油助威;到世界杯的时候,无论丈夫看球赛看到多晚,穆瑶都不会抱怨,而是陪着丈夫一起为足球疯狂。此外,穆瑶还把自己的客厅装饰得和足球场一样,地板的绿色的,墙上贴满了贝克汉姆的照片,书桌上还摆了一个足球的模型。

无论什么时候,穆瑶的家里都是干干净净的,给人一种舒服的感觉;出门之前,穆瑶总是亲自为丈夫打领带,然后给他一个临别的拥抱;每天在女儿睡觉之前,穆瑶总会给她讲童话故事,祝福女儿做个好梦;无论丈夫工作到多晚,穆瑶都会等丈夫回家,为他做一碗热腾腾的宵夜,给他放洗澡水。

在穆瑶的家中,你总能轻易感受到温馨、浪漫。穆瑶用自己的智慧,为丈夫和女儿建造了一个时刻都有阳光照射的港湾,让他们真真切切感受到家中最温馨浪漫的一面。

回到温馨舒适的家,人就会顿感轻松,学习的紧张、工作的压力、竞争的残酷,都被拒之门外,辛劳会化为乌有,烦恼被抛却脑后。家是一道靓丽的风景,可以激起人们美好的希望,引发无限遐想。人对家庭的依赖和向往,能使人的生命之船整装待发,远航扬帆,避开风险,我们要学会用心去打理、去经营、去享受。

想保持家中温馨浪漫的氛围,装修是必不可少的。客厅里,你可以用绿色的瓦砖,在不被家具挡住的墙壁空白处,画上淡淡的风景画;把细木棍制成"篱笆"的样子立在卧室的墙边,在"竹篱笆"上挂些人造青藤枝叶一类的小植物,让卧室保持清新的"篱笆风格";孩子卧室的衣柜可以是一只"大长颈鹿",书桌是一只紧跟长颈鹿妈妈的小长颈鹿,孩子的睡床就是小长颈鹿拖着的小板车……女人可以按照家人的喜好,把家装饰成最能让他们放松的样子。

男人在骨子里需要一种精神寄托,对他们而言,家庭就是他们倾注全部心力最好的场所。温馨浪漫的家庭氛围,是天下所有男人梦寐以求想要拥有的幸福,为了这种幸福,他们可以抛头颅,洒热血,再苦再累也不辞辛苦。

家是孩子学习、成长的地方,健康的人格,需要在温馨浪漫的环境中培养。一个在冷漠中长大的孩子,你如何期望他能够待人热情? 一个不曾被爱的孩子,你如何要求他学会爱人? 一个在生活中千疮百孔的孩子,你让他怎样对这个世界心存感激?

家不是两个人的事,还涉及到亲人和朋友。作为媳妇,丈夫的父母就是自己的父母,将心比心,爱屋及乌,老吾老以及人之老,只要内心深处真正感到这就是你的父母,心理上对老人依恋亲密,老人自然会感受到这份真心;男人间的惺惺相惜,是女人无法完全读懂的,但当丈夫愿意为朋友两肋插刀的时候,女人千万不要让他在亲情和爱情之间做抉择,尊重他的决定,将他的朋友当作自己的朋友,尽自己最大的努力走上他们友情的大桥。

聪明贤惠的妻子应该即时意识到家庭幸福的重要性,做一些小小的努力,积极的营造一个浪漫温馨的家庭氛围。也许正是由于一丝惊喜,老公会突然碰到心里那根曾经热恋的弦,对你宠护备至,疼爱有加;也许正是由于一点变化,孩子会瞬时感到你是那么爱他,感到这个家充满了生机,充满了活力,心甘情愿按照你期望的样子成长。其实,让家温馨浪漫,一点都不难,只要女人真心付出自己的爱,家就能成为所有人最甜蜜的负担。

第四部分

做性格好心态好的快乐女人

快乐是人生的最高境界,做一个快乐的女人是每个女人都由衷希望的。快乐的女人往往也是最受人欢迎的,她们不仅能够自己得到快乐,也能够给周围的人带来快乐。快乐的女人往往具有好性格,这样的女人是一泓清凉的水,温柔得体、落落大方;快乐的女人更会有一个好心态,她们不张扬、不夸张、不嚣张、不乖张,不追名逐利、不羡慕权贵、不暴躁、不埋怨、不患得患失;好女人不小气、不过分娇嫩、不孤僻。她们能在祸端骤起时化干戈为玉帛,她们看到的总是人生中阳光的一面,她们开朗、爱笑,把烦恼和痛苦当作自己人生的一道风景,去欣赏咀嚼和回味。

第 17 章

及时给自己减压

生活、工作、情感等各种压力充斥在一起的时候，人就会在高负荷之下，整个精神都处于萎靡的状态。当压力到达一定程度的时候，女人要学会自己给自己减压，否则人体就会像气球一样在不堪压力的状态下爆炸。带着沉重的负担生活，女人会一路走得很辛苦，很艰难，扔掉不必要的负担，女人才能轻装上阵，才有心思欣赏路边美丽的风景。

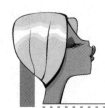

不要为小事而烦恼

古代有一位富翁非常富有,家里金银财宝不计其数,但是这位富翁却并不快乐,整天垂头丧气闷闷不乐。一会儿为别人借他50两银子还没有还而生气,一会儿又会这么多的家产不知道该如何分配而忧虑,一天到晚总为一些小事而烦恼。不久,这位富翁便因为小事的烦扰郁郁而终了。

女人通常比较感性和敏感,吃一点亏就会大气一场,低一低头就觉得自己委屈,别人一个随意的眼神可能会铭记一辈子。其实人生大可不必这样,为一些小事就给自己加上沉重的思想包袱,是愚蠢的表现,也是极不明智的。

经常有人颇为无奈地说:"使我们不快乐的常常是一些芝麻绿豆的小事。"人生有两种选择——快乐的人生和痛苦的人生,如果你选择前者,就要把心放开,做个"不以物喜,不以己悲"的乐观达人。为小事而烦恼,就是在和自己的快乐作对。

这是一场举世瞩目的比赛。台球世界冠军的卫冕之战已经到了如火如荼的时刻,只要他把最后的一个8号黑球打进球门,胜利的音乐就会响起。

谁知,就在此时,一只苍蝇不知从什么地方飞来。那只苍蝇第一次落在他握杆的手臂上,很痒,冠军停了下来。苍蝇飞走了,这次竟落在了冠军紧锁的眉头上。冠军只好极不情愿地停下来,烦躁地去打那只可恶的苍蝇。苍蝇又敏捷地逃离了。冠军作了一次深呼吸准备再次击球,这只苍蝇像一个幽灵一样又飞回来了,这次竟落在了8号黑球上。冠军怒火中烧,拿球球杆就朝苍蝇捅过去。苍蝇受到惊吓又飞走了,球杆却碰到了黑球,黑球没有进到洞里。按照比赛规则,该轮到对方击球了,对方抓住最后的机会死里逃生,一口气把自己该打的球都打进去了。

卫冕失败,冠军恨不得把那只苍蝇捻成粉末。面对观众的一片哗然,冠军感到无地自容,不久就结束了自己的生命,临终前还对那只苍蝇耿耿于怀。

因为一直苍蝇输掉了世界冠军的桂冠,甚至失去了自己的生命,这似乎很可笑,但实际上,生活中这样的事比比皆是。很多人常为了一些微不足道的小事而烦恼,任烦恼充斥自己的生活,遮挡人生快乐的云彩。

女人经常感叹:"为什么人生烦恼的事那么多?"可仔细想想,自己究竟在为何事烦恼呢? 因为朋友的一句气话闷闷不乐,因为交通的拥挤而烦躁,因为打翻的咖啡而垂头丧气……为什么女人要将自己的视角停留在这些微不足道的小事身上呢? 为什么不用这些时间和精力去做更有意义的事呢? 为了无关紧要的事情懊恼,徒费精力,实在是得不偿失。

帕德森说:"人类的烦恼百分之四十是日常的小事,百分之二十是杞人忧天,百分之十二,事实上并不存在,剩下的百分之十八,则是既成的事,再担心烦恼也没有用。"由此看来,人生真正值得我们烦恼的事,其实并没有什么,很多时候,烦恼只是女人庸人自扰的想法而已。

更何况,烦恼对于事情的发展没有任何积极意义可言。如果我们有点事就大发脾气,对方不仅不会因此而受到任何的惩罚,反而还乐于看到你火冒三丈的模样;如果我们生气就大哭一场,只能把自己眼睛哭得红肿而已;如果我们喝闷酒,伤害的只是我们自己的身体;如果我们疯狂购物,挥霍的只是自己的钱财。女人,烦恼来烦恼去,最受伤的还是自己。

通常情况下,当我们看到别人为一些小事而忧心忡忡的时候,总觉得这个人很滑稽,等事情落在我们自己身上的时候,却又不能保持旁观者的冷静。有时候,烦恼是一种习惯,尽管你一再的告诉自己不要为小事烦恼,可当事情发生的时候,还是会不由自主地心乱如麻。可是,如果你习惯以积极乐观的心态笑对生活琐事,那所有的事都不能造成你的困扰。所以,要摆脱小事的烦恼,就要学会快乐面对生活的种种。

女人,要学会以一种平和的心态笑对生活的琐事,享受生活本应有的快乐与幸福。凡事看得开、凡事看得透、凡事看得远、凡事看得、凡事看得淡,只要运用我们的人生智慧,保持一种超然淡泊而又洞若观火的心境,就必然不会再为小事而烦恼。

人生短短几十年,是何其的短暂,为什么要让小事绊住自己快乐的脚步呢?"笑一笑,十年少;愁一愁,到白头。"不要让无谓的烦恼浪费我们宝贵的时光,不要让自己头顶的天空被乌云遮盖。

人生因挫折而精彩

宝剑锋从磨砺出,梅花香自苦寒来。不经历风雨,怎么见彩虹。的确,苦难是人生的财富。吃苦是福。正是因为有了挫折,我们的生命才变得饱满充实,生活才如此丰富多彩。也正因为我们经历过挫折和失败,所以才会更加珍惜身边的一切,才懂得成功来之不易,需要付出无数的汗水和努力。在生活中,挫折就像一位严厉的老师,常常在我们不经意的时候,把我们狠狠地摔倒在地上,然后用慈爱的目光,看着我们挣扎着勇敢地爬起来,这样我们以后走路的时候,就会加倍小心自己的脚下,也就不容易再摔倒了。

每个女人青春年少的时候,都美得像一朵水晶做的花,干净、透明,没有一点风雨侵蚀的痕迹。随着年龄的增长,生活的坎坷开始使女人的心灵容颜两极分化。有的女人就此沉沦、苍老、糊里糊涂地度过余生;有的女人则始终迎风独立,由浮光掠影的少女之美,顺利过渡到成熟女人深入骨髓的风采,成就了自己人生的精彩。

海伦·凯勒出生后不久就罹患多种疾病,数次濒临死亡的边缘,曾一度失去了生活的信心。在认识生命意义之后,她顽强地活了下来,并凭着惊人的毅力,克服了常人难以想象的困难坚持学习,最终成为了美国著名的残障教育家、作家,她的人生也因此而更加璀璨。

巴尔扎克在自己的手杖上写着:"我能战胜一切挫折。"也许正是这种坚毅的品格,使得他能够成为举世闻名的大文豪,也许正是这种坚强的信念,使得他的作品能永垂青史。挫折并不可怕,重要的是你以什么样的态度面对。

挫折是人生必修课。"人"字,所以一撇一捺,如同摆出迎战的架势,就是为了随时准备抗击外敌入侵。人生路,漫漫长,少不了有这样那样的挫折相伴而行。天有不测风云,人有旦夕祸福,人生与挫折其实早已结下不解之缘,想回避,难逃避。

邓亚萍这个名字在我国可谓家喻户晓,有的人在谈论她时还会绘声绘色地将其描述一番:矮矮的个儿,胖胖的脸,打起乒乓球来简直像只出山的小猛虎,出手快捷,攻势凌厉,左推右挡,往往几板就把对方制服了。

可是谁能想到,这位在国际乒坛名声大噪的"大姐大",刚开始路走的并不顺畅。在她9岁的时候,邓亚萍的乒乓球技术已经达到了上等水平,为了使她能得到更好的培养,父亲将她送到河南省乒乓球队去深造。然而,去后不久,便被退了回来,其理由是个儿小,手臂短,没有发展前途,这在邓亚萍少年的心灵上留下了一道深深的伤痕。令人欣慰的是,在父亲的鼓励下,倔强的邓亚萍并未因此一蹶不振,而是练得更加刻苦,邓亚萍发誓,有朝一日一定要拼出个样来。

机会终于来了,1986年是邓亚萍人生重大转折的一年。那一年,年仅13岁的她,临时代替河南省代表队一名生病的运动员参加全国乒乓球锦标赛。赛前教练们对她并不抱什么期望,要她顶替上场纯粹是为了不使该队"弃权"。出人意料的是,这个名不经转的矮个姑娘,竟然接连击败了耿丽娟、陈静等当时很有名气的国手,一举登上了冠军宝座,爆出了此届乒乓球赛的最大冷门,成为一匹引人注目的"黑马"。

赛后,这位曾被判为"发展前途有限"的小姑娘,成了当时国家乒乓球队副教练、女队主教练张燮林手下的一名女弟子。从此,邓亚萍在中国体坛的圣殿里将其那股在逆境中练就的"铁娃"本性发挥得淋漓尽致,最终登上了国际乒坛女霸主的宝座。

古人说得好:不经一番寒彻骨,怎得梅花扑鼻香。同样,不经历大风大浪的人,永远无法领悟到生命的真谛。只有微笑着面对挫折,坦然接受挫折的磨砺,人生才会更加绚丽多彩。智慧的女人,不会抱怨生活的坎坷,而是把它当做上天赐予自己的礼物,心存感激地体味其中的百般滋味。

挫折是一味良药,可以治好你的骄傲;挫折是一位仙人,可以为你指引明路;挫折是一个训练营,可以磨炼你的意志与毅力;挫折是一缕阳光,可以点燃你智慧的明灯;挫折是一堂课,可以让你学会坚强,学会勤奋。

经历了挫折的考验之后,你将会是一个全新的你,一个坚强、勇敢,对生活毫无畏惧的你。曾经被摧毁了的意志,曾经一蹶不振的颓废,在浴火重生之后,变成了打不倒,压不烂,煮不熟,砍不动的最伟岸的灵魂。

平静的湖面练不出强悍的水手,安逸的环境造不出时代的伟人。挫折是人生路上的奇花异草,有它就会有人生百味;挫折是人生航道上的雷鸣电闪,有它就会有风雨彩虹。只要女人能够学会沉着应对人生的种种挫折,生命就迸发出光彩夺目的光芒。

学会放松,解除疲劳

常常听到有人抱怨:"生活真是太累了。"其实,生活本身并不累,它只是按照客观规律、自然法则在运转而已。感到生活疲惫的人,其实是选错了生活方式,没有调试好自己的心态。

乔治先生是位生意人,有车有房,赚了几百万美元,生活无忧,但他似乎从来都不曾感到轻松过。

下班后,乔治拖着疲惫的身子回到家中,并到餐厅就餐。他家餐厅中的家俱都是桃花心木制成的,做工十分精致,但他从来都没有注意过。

乔治在餐桌前坐下来,精神十分颓废,餐厅中优美的音乐,不仅没有舒缓他的情绪,反而让他觉得很烦躁。他站起来,不停地走来走去,还差点被桌子绊倒。

这时候,乔治的妻子走了进来,在餐桌前坐下。他开始向妻子抱怨工作上的困难以及员工诸多令他不满意的地方。一名仆人把晚餐端上来之后,他的两只手像两把铲子一样,几分钟的时间就将眼前的晚餐——铲进了嘴中,然后离开餐桌。

乔治回到起居室,起居室的装饰十分美丽,有一张长而漂亮的沙发,华丽的真皮椅子,地板铺着高级地毯,墙上挂着名画。他把自己投进一张椅子中,几乎在同一时刻拿起一份报纸,匆忙翻了几页,急急瞄了一瞄大字标题,然后,把报纸丢到地上,拿起一根雪茄。

雪茄抽了一根又一根,乔治觉得很困,所以洗了个澡准备睡觉,可是躺在床上,他却无论如何也睡不着。

这种情况已经有过一百多次了,乔治想尽一切办法放松自己,可还是不能解除工作中的疲劳,甚至将这种情绪带回家,把自己的生活弄得乱七八糟。

乔治先生之所以会这样,是因为他不懂得如何放松自己。在很多时候,人的疲惫并不是工作引起的,而是因为心理负担过重,自己给生活设置了许多心理障碍,以致不能好好享受生活中的美好。

的确是这样,在工作中,我们总是想把工作做得尽善尽美,以得到上司的认可和肯定。上司说好,付出再多的辛苦我们也会觉得是值得的,而上司

第17章 及时给自己减压

稍微皱一下眉头,我们就感觉好像一下子到了世界末日,整天惶恐不安,像被霜打了似的,做什么事都提不起兴趣。因为心理压力过大,我们吃不下饭,睡不着觉,健康状况也越来越差。

碰巧有一天事情特别的多,好像所有的事都挤到一块了,这个马上要用,那个也不能耽误太久。尽管我们像陀螺一样转个不停,一分钟都没闲着,可没有完成的工作还是那么多,堆积如山的材料简直快压得我们喘不过气来了。这个时候,我们千万要放松,不要着急,像个沙漏一样,一次只过一粒沙子,一次只做一件事。因为人的精力本来就有限,而且越着急往往越容易出错,与其回过头来再浪费时间和精力返工,还不如放松自己,让身心得到短暂地休整,一次到位把事情做好。

其实,有什么大不了的事,值得我们牺牲自己、整日活在煎熬之中呢?世界上没有过不去的坎,只有过不去的人,生活没有亏待你,而是你在自己身上压了太多的重担,迷失了自己。解除疲劳,最好的方式就是学会放松。当你放松的时候,身心处于减压状态,疲劳得到快速消除,生活也因此而变得轻松。一切都会成为过去,没必要总是皱着眉头紧,紧绷着肩膀,让自己时刻处于警备状态。

旅行是一种有效的放松方式,在大自然宽广的胸怀中,在名胜古迹的历史变迁中,人的心灵能得到净化,思维也会更开阔一些;寻觅一个自己可以完全相信的朋友,将心事和他分享,你的快乐会加倍,烦恼会减半;保持一颗平常心,"世上本无事,庸人自扰之",将所有的事坦然处之,就能永葆快乐的心情。生活,其实就是自己选择的一种生活方式,选择了紧张过活,你就要背上沉重的心理负担,选择了彻底放松,你就能以轻松愉悦的心情体味生活。

生活快乐的法则,就是学会放松,解除疲劳。该吃的时候吃,该睡的时候睡,该玩的时候玩,该工作的时候好好工作。放松是疲劳的克星,能让你的精神状况处于最佳状态,使你的生活充满轻松自在。

停下来检视一下自己的生活，你是否经常处于紧张、焦虑、恐惧等情绪当中？是否觉得生活令你疲惫不堪？如果是，就好好放松一下自己，让自己像婴儿般自由自在，毫无束缚。

找到家庭和事业的平衡点

对女人而言，婚姻和家庭，到底孰轻孰重？那些拥有事业而失去家庭幸福的女人，在工作中鹤立鸡群，有展现自我的平台，却没有女人一生最重要的依靠。爱人对你不理解，孩子对你不体谅，他们认为你不配做一个妻子，没有资格做一个母亲。婚姻的围城，最后还是成了你感情的坟墓。

那些拥有家庭而没有事业的女人，一生就真的幸福吗？她们吃饭要向老公伸手，穿衣要看老公的心情，倘若有一天老公变了心，她只能哭天喊地却找不到能够让自己继续幸福的筹码。依附着别人过活，找不到自己的位置，更不知道自己的潜力到底有多少，辛勤一生却不能散发出专属于自己的光芒和温度。

很多人在采访杨澜的时候都会问："对于婚姻和事业，你觉得哪个更重要？"杨澜毫不犹豫地回答："当然是婚姻重要了，拥有完美的婚姻很难。但我认为事业成功和婚姻幸福并不是相互抵触的，关键要有平衡的智慧。"

在家庭和事业的两端中，女人往往两难抉择，既舍不得自己辛苦打下的事业，也舍不得放弃美满幸福的婚姻，心里的天平该向哪边倾斜，女人总是摇摆不定。其实，家庭和事业之间并没有绝对的矛盾，只要找到二者的平衡点，女人就能左抱事业，右拥家庭，在理想和家庭之间跳着欢快的平衡舞。

林雪是朋友中出了名的幸运女人，因为她有一个对她体贴入微的好老公，十分支持她创办自己的事业。每当听到别人这样说时，林雪都只是莞尔一笑,其实心里在偷偷地想:哪是他好啊,还不是我自己努力的结果。

为了能够创业,林雪之前可是下足了功夫,她费尽心机让自己的父母同意帮忙照顾自己的儿子。取得父母的支持之后,她才敢把创业的想法告诉丈夫李剑。刚开始李剑是死活不同意,禁不住她的软磨硬泡,才勉强同意的,并且让林雪保证如果势头不对,就立刻从商场抽身,安心在家做贤妻良母。

所有人都认为林雪创业只是小打小闹,但没想打她居然创业成功,还真干出来了一点成绩。可成功之后,邻居们的闲言闲语又开始了,说李剑不如老婆有本事,害得李剑一回到家就板着一张脸。

聪明的林雪看出了苗头,赶紧对邻居们说自己能成功都是李剑在后面帮忙拿主意的,表面上她是公司的老板,实际上大部分事都是李剑在做主。这一招果然奏效,邻居们再见到李剑的时候不再说他没本事了,而是说尽了他的好话,把他捧得天花乱坠的。

虽然工作忙,但林雪可没敢怠慢老公和孩子,时不时地抽出时间为老公做一顿丰富的晚餐,还在老公生日和他们结婚纪念日的时候送上一份精心准备的礼物,事事都征求老公的意见。学校的家长会,她一次也都没敢耽误过,无论多累多忙,只要儿子有事,她会立马赶过去。

就这样,靠着自己一点一点地努力,老公和孩子都没有对自己创业表示异议,林雪也成功演绎了老婆、妈妈和老板的三重角色。

林雪并不是幸运,而是拥有使家庭与事业平衡的智慧,这种智慧使她赢得了丈夫更多的爱,赢得了展翅飞翔的翅膀。当女人在埋怨丈夫不支持自己的事业的时候,不妨自我检讨一下,你是不是有些地方没有做到位,才让丈夫对你的事业如此防备。

站在事业和家庭的平衡板上,女人既不能因为家庭而耽误了事业,也不能因为事业而伤害了家人。在事业上,你是老板或者员工,评价你的标准是工作有没有做到位,公司有没有因为你的努力而受益。回到家后,无论你在职场上怎样叱咤风云，你就是公婆的儿媳、丈夫的妻子、孩子的母亲、一家之主妇。在工作或家庭中，女人要认清自己的角色，不要把一端的情绪带到另一端之中。

即使工作忙得天昏地暗，女人也不能以此作为冷落家人的借口。依偎在丈夫怀里，告诉他，即使自己在事业上很成功，但他宽阔的胸膛才是你最安全的港湾；参加孩子的家长会，时刻了解他的状况，让他知道母亲一直都在伴他成长；老人生病时，陪他到医院，让他感受有女儿承欢膝下的幸福。相信有全家人的爱，全家人的支持，你做起事业会更用心，更有动力。

处理工作与家庭之间的矛盾，就像杂耍一样，你要同时抛接几个球，任何一个球掉在地上，不是创业失败就是家庭悲剧上演，把你的生活搅得乱七八糟。为了避免这些不幸的发生，一定要掌握好一个度，寻找到工作与家庭之间的平衡点并努力维持。这样，两者兼顾的你会发现工作和生活都可以轻松愉快，丰富多彩。

跳出完美主义的迷潭

一位很有才华的科学家得知死神正在寻找他，他很害怕，又不想死，便使用克隆技术复制出了十二个自己，想在死神面前以假乱真保住自己的性命。

死神终于来了，但是看到十三个一模一样的人，竟分辨不出哪个才是真正的目标，只好悻悻离去，科学家也为此而洋洋得意。

好景不长，没过几天死神又回来了，脸上带着微笑说："先生，您是个天才，能克隆得如此完美。但是很不幸，我还是发现了一处瑕疵。"

真正的科学家一听，便暴跳如雷地大叫："哪里有瑕疵？我的技术是完美的！"

"就是这里。"死神说道，他抓住那个说话的人，把他带走了。

如果不是这位科学家对完美的过分追求，死神是不可能找到他的。过于追求完美，本身就是一种不完美。对完美的过分执著，很可能会让你失去生命中最宝贵的东西，譬如亲情、友情、爱情，甚至生命。人一旦跳进完美主义的陷阱，就给自己带上了无形的枷锁，使自己事事受阻，永远达不到完美。

打网球的朋友都知道，一旦网球水平到了一定的阶段，想要提高就必须大胆尝试新的技术，那就意味着你要暂时依赖所不熟悉的技术，这样在一定的时间里你就有可能赢不了你以前一直能赢的对手。而身为完美主义者的你通常是不会愿意去冒险，因为这会影响到你在对手心目中完美的"网球高手"的形象。可是，如果你不克服完美主义的心理，你的技术将停滞不前，总有一天，你会在球场上一败涂地。

你是不是总是要求自己做什么事都必须做到最好，否则就会心里不舒服？你是不是在上街的前一刻，还在苦苦寻找搭配鞋子的衣服，否则就打算一天都不出门？你是不是总是觉得自己皮肤不够白皙，每次出门前都要涂一层粉底，否则就觉得没脸见人？你是不是觉得自己的爱人长得不够英俊帅气，孩子又有些过于调皮？你是不是在比赛的时候，一定要赢，否则就不参加比赛？人生没有绝对，事情也往往不尽如人意，当事情没有照自己的剧本上演的时候，苛求完美只会令自己陷入痛苦的泥沼，忽视了生活中真正的美好。

19世纪法国诗人穆塞特曾写下这段话："完美根本就不存在，了解这句话的人就等于了解人性智能的极致，期待拥有完美是人类最疯狂危险之举。"希望自己的形象变得完美一点，希望自己做的事完美一点，将完美作为自己的一个努力方向，这当然很好。但现实生活中，总有一些人不仅仅是在追求完美，而是在处处苛求完美，将其当成了自己一生的终极追求。

世界上没有绝对的完美，完美只是人类的一种美好愿望。纵观古今中外,谁的人生可以完美呢？戴安娜拥有绝世的容貌,显赫的家世,是英国上流社会的一朵奇葩,可她与查理斯的婚姻并不幸福,自己也在一场车祸中消香玉陨;王昭君风华绝代,倾国倾城,为后人称赞敬仰,可等待她的却是对故乡无尽地思念和"独留青冢向黄昏"的悲惨命运。人的一生,无论怎样努力,都会留有一丝的遗憾,过分苛求完美只会苦了自己。

日本人仓冈天心所写的《茶之书》中,有一则有趣的故事:茶师千利休看着儿子少庵打扫庭园。当儿子完成工作的时候,茶师却说:"不够干净。"要求他重做一次。少庵于是再花一个小时打扫庭园。然后他说:"父亲,已经没事可做了,石阶洗了三次,石灯笼也擦拭多遍,树木浇过水了,苔藓上也闪耀着翠绿,没有一枝一叶留在地面。"

茶师却斥道:"傻瓜,这不是打扫庭园的方法,这像是洁癖。"说着,他步入园中,用力摇动一棵树,抖落一地金色、红色的树叶。茶师又说:"打扫庭园不只是要求清洁,也要求美和自然。"

千利休其实是在训诫儿子,做事时太苦、太枯燥,苛求绝对完美的心态与做法,不仅违背自然,累了自己,也往往使我们离完美更远。坦然接受世事的不完美,那是人生的另一种完美境界。

列出一个单子,总结出追求完美给你带来的好处,然后,再建立另外一个单子,总结一下由此带来的生活的遗憾。通过这两个列表的对比,你会发现,完美是需要代价的,而这些代价,也许就是你竭尽一生所真正向往的。坦然接受自己的不足、弱点和错误,你会发现,生活可以很轻松,很快乐。

失败的时候,你知道自己尽力了,所以并不遗憾;爱情结束了,你知道自己曾经真的爱过,所以并不怨恨;孩子不够优秀,但他很快乐,所以你很欣慰。天地万物,一切皆有定数,不必为不属于自己的东西耗费一生的精力,逃离完美主义的陷阱,你的人生会有另一番欣欣向荣的景象。

戒除批评、责怪和抱怨

林肯是美国历史上最善于处理人际关系的总统,当他咽下最后一口气的时候,陆军部长史丹顿说道:"这里躺的是人类有史以来最完美的统治者。"

其实,林肯开始时并不完美,年轻时他喜欢批评人,常把写好的讽刺别人的信丢在乡间路上,好让当事人发现。做见习律师时,偶尔还会在报上公开抨击反对者。

1842年秋天,他又写文章讽刺一位自视甚高的政客詹姆士·席尔斯。他在《春田日报》上发表了一封匿名信嘲笑席尔斯,全镇轰然引为笑料。自负而敏感的席尔斯当然愤怒不已,终于查出写信的人。他跃马追踪林肯,下战书要求决斗,林肯根本就不喜欢决斗,但迫于形势和为了维持荣誉,只好接受挑战。到了约定日期,林肯和席尔斯在密西西比河河岸碰面,准备一决生死,幸好在最后一刻有人阻止他们,才终止了决斗。

这是林肯终身最惊心动魄的一桩事,从此之后,他再也不写信骂人,也不任意嘲弄他人了。也正是从那个时候起,他不再为任何事指责任何人。

在南北战争时期,当自己的夫人极力谴责南方人时,林肯说:"不用责怪他们,同样的情况换上我们,大概也会如此而为。"

卡耐基说过:"如果你想学会待人处事,那么就请你记住三大原则:不批评,不责怪,不抱怨。只有不够聪明的人才批评、指责和抱怨别人。"在人际交往中,批评、指责、抱怨会使你成为众矢之的,会激发别人恶搞你的动机,也会揭示你人性中丑陋的一部分。

的确如此,当我们批评、责怪、抱怨别人的时候,常常会让别人误认为我们没有容人之量，为一点小事就发脾气，成不了大器。所以我们想要成功，想学会待人之道，就必须要戒除批评、责怪和抱怨，不要动不动就指责别人。就算别人犯了天大的错误，我们为了提醒别人不得不说，说的时候，也一定要注意措辞，注意方式方法，委婉含蓄地表达自己的意思，把批评、责怪和抱怨转变为对对方的鼓励，这样对方容易接受，又不至于伤了双方的和气。

所谓"言为心声"，一个喜欢批评、责怪、抱怨他人的女人，其实是一个心胸狭隘，喜欢无理取闹的女人。当别人犯了一点错误的时候，她就以此作为攻击别人的利器，让人听着刺耳。没有人喜欢被批评、被责怪、被抱怨，一个喜欢揪住别人的错误不放的女人，注定不能成为处理人际关系的高手，因为她早已被人划为讨厌之人的行列，不为人所接受。

其实换个角度想，如果你站在被抱怨的人的角度，如果你也遇到了同样的事情，你就能百分之百肯定自己不会犯同样的错误吗？常在河边走，哪有不湿鞋，犯错是在所难免的，批评、责怪、抱怨于事无补，只会加重他人的负担，毁了自己的形象。

俄国作家托尔斯泰曾说过：幸福的家庭都是一样的，不幸的家庭却各有各的不幸。女性似乎天生就比男人爱批评、责怪和抱怨，但这些正是婚姻不幸的开始。面对这样一个老婆，丈夫的自尊被践踏在了脚底下，丈夫的错误被无限扩大，丈夫的努力得不到任何的回报。久而久之，感情淡了，生活没有滋味了，矛盾也就越来越突出了。

白朗宁说："当一个人先从自己的内心开始奋斗，他就是个有价值的人。"对女人来说，戒除批评、责怪和抱怨绝对不是一件简单的事，肯定会有内心的挣扎，可是这种挣扎却是她宽容、大度的表现。经过挣扎过程的煎熬，女人可以变得更成熟，更富有魅力。

当你有想要批评别人的冲动时，不妨想想如果自己被这样批评会怎样；当责怪的怒火在你眼中燃烧时，不妨将责怪的话写在纸上，发泄完之后将纸撕碎；当抱怨之辞不吐不快时，不妨把自己暂时想象成哑巴，让伤人的话永远留在心里。努力克制自己的情绪,戒除一切负面情绪的影响,让自己成为一个令人尊敬,招人喜爱的精彩女人。

批评,只能让对方离你越来越远;责怪,只能增添彼此心中的怨恨;抱怨,只会伤了自己最爱的人。聪明的女人,不会为不能弥补的事情毁了自己今后的生活,更不会让往事的遗憾遮住头顶蔚蓝的天空。把心放开一些,对人宽容一些,凡事少计较一些,对方会看到自己的不足,并竭尽全力去改正。

第 18 章
幸福是一种心态

每个女人都想要幸福，都想做童话中美丽快乐的公主，但幸福是需要被提醒的，是需要用心好好经营的，不是你一心祈求就可以祈求来的。幸福是一种心态，将心摆在恰当的位置，它就会心甘情愿来到你身边，暖暖地将你包围。无论遇到多少艰难，多少坎坷，只要记得你是幸福的，那你就永远是幸福的。

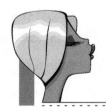

简简单单才幸福

孙文和赵云是从小青梅竹马的好朋友,两个人一起上学,一起玩耍,一起许下将来美好的愿望。上学的时候,两人成绩不相上下,要强的孙文,总是悄悄地希望自己能够超越赵云,成为全班第一名。

中学的时候,赵云因为家庭贫困辍学了,投入了打工的大潮,从此和孙文失去了交集。而孙文,升入了高中,顺利考上了大学,毕业后,在外企找了一份好工作,嫁了一个好老公。在所有人眼中,孙文是幸福的。

有一次,孙文带着5岁的女儿到一家餐馆吃饭,不经意间,看到了身为服务员的赵云。许久不见,两个人都聊起了各自的生活。赵云摸着孙文女儿的头,说:"这是你的孩子吧,真可爱。我也有一个儿子,和你的女儿一般大,他每天都缠着他爸爸,父子俩经常玩得忘了回家。"赵云还告诉孙文,自己的老公是个厨师,为人很老实,对她也很好,虽然两个人的生活不是很富裕,但她很开心。

孙文邀赵云到自己家做客,赵云却说:"不了,我要回家了,如果我不早点回去,老公和儿子晚上会失眠的。"

看着赵云满脸幸福的表情,孙文想到自己的丈夫从来都不会因为自己失眠,也很少带女儿出去玩,自己还时不时地听到他和公司一些女同事的传闻。结婚后第一次,孙文觉得自己是不幸福的。此刻,她真的希望能和赵云交换一下,去过她那种简单幸福的生活。

幸福是什么?叔本华说:"幸福不过是欲望的暂时停止。"毕淑敏说:"幸福就是没有痛苦的时刻。"说到底,幸福其实是自我的一种感觉,所谓的幸福感就是对生活的满足感。佛说,人类一切痛苦的根源在于贪欲。简单的女人幸福,因为简单的女人容易知足,懂得让欲望停止,让痛苦远离。

简单的女人,不会强求自己,生命很容易得到满足。她们在情感中,舒服便是满分;她们在工作中,尽力便是满分;她们在生活中,愉悦便是满分。她们不追求绝对的完美,而是尽量将生活简化,简化得如数字般简简单单。

在一个暖洋洋的中午,一群农民工在一个施工工地上,面对着蓝天躺在沙滩上,他们穿着破破烂烂的衣服,脸上却挂着单纯愉快的笑容,在阳光的照射下,明亮而璀璨。这些人看似很可怜,竟是世间最幸福的人。他们拼命地活着,没有时间去多愁善感;他们真心地满足着,从来没有奢望生活过多的给予;他们简单着,因为他们不用在人前掩饰什么。这就是幸福,简简单单却又实实在在的幸福。

当你在为全家准备晚餐的时候,他过来给你戴上围裙,在你的耳边留下一个轻吻;难得的双休日,你一边为他和孩子熨衣服,一边看他和孩子在一旁快乐嬉戏;相拥而眠时,他每一次醒来后都会自动为你披好被角;过马路的时候,他总爱紧紧牵着你的手,生怕你被车撞到。这样简单的生活,就是女人最大的幸福。

余秋雨说:“自己没有的,就快乐的欣赏别人的拥有,不让日子沦于暗淡,不让心绪陷于灰颓。”一个简单的女人,即使自己得不到,也会由衷地替别人感到高兴,在她们看来,爱并不一定要拥有,如果自己所爱的人能够得到幸福,那她们也就幸福了。

很多女人,为达目的不择手段,当她们经历各种辛酸,站在成功的巅峰的时候,却依旧感觉不到幸福。吕后为了权势,在后宫争宠,排除异己,可她的残忍却间接害死了自己的儿子,所以她过得并不幸福;武则天作为中国历史上唯一的女皇帝,却亲手杀死了自己的女儿,儿子与自己也并不亲近,所以,她也不幸福。翻开历史长页,哪个算尽机关的女人是幸福的呢?终其一生,她们还是与幸福失之交臂。

丽莎·茵·普兰特说过:“简单不一定最美,但最美的一定简单。”生活就好像带着背包去旅行,装的的东西越多,自己的脚步就越沉重。所以,与其让自己在疲惫和痛苦中前行,不如将心里的包袱放下,就做最简单的自己,做最幸福的自己。

简单的女人像太阳,照到哪里哪里亮。她们简单的快乐,让心理阴暗的人自惭形秽,让工于心计的人不忍下手,让有着不堪过去的人看到希望。简单的人,想要的幸福很简单,只要有一个疼爱自己的老公,有一个蜗牛般大小的家,有一份薪水不高但可以糊口的工作,她们就对生活充满了感恩,对明天充满了希望。

流水有流水的柔情,夜雨有夜雨的诗意;飞鸟有飞鸟的向往,游鱼有游鱼的乐趣。同样,简简单单的女人,也有简简单单的美丽。有首歌这样唱到:"曾经在幽幽暗暗反反复复中追问,才知道平平淡淡从从容容才是真。"幸福的女人,生活不一定轰轰烈烈,简简单单就好。

活在当下,活得自在

昨天的事,已经过去,明天的事,还未可知。我们不可能改变过去,也不可能预测未来,唯一能做的,就是把握当下。将过去的伤痛记在心里,除了让自己的今天变得可悲,没有其他任何意义。而今天是明天的基础,没有今天,何谈明天?只有把握当下的每时每刻,你的明天才有希望。可惜的是,现在大部分人都忽视了这一天,过分在意昨天和明天,却忽视了今天。

汉宣帝继位之初,下诏想把祭祀汉武帝的"庙乐"升格,不料却遭到了光禄大夫夏侯胜的反对。丞相、御史大夫等公卿大臣们马上联合上了一道奏章,弹劾夏侯胜"大逆不道"。顺便把不肯在奏章上签名的丞相长史黄霸生也以"不举劾"的罪名一道上报给了皇帝。于是这两个人被一起逮捕下狱,判了死罪,等待处死。

夏侯胜是当时有名的大儒,受此大辱,开始变得郁郁寡欢,心灰意冷。而黄霸生性乐观,他早就仰慕夏侯胜是个大儒,只是无缘亲近,没想到现在却因意外的灾祸被关进了同一间牢房,他想:"原来天天忙工作没有时间,现在时间也有了,而良师近在眼前,为什么不赶紧补上这一课呢?"黄霸便将求教之意告诉了夏侯胜。夏侯胜苦笑,说:"咱们都犯了死罪,明天就要被处死了,现在读经有什么用?"黄霸说:"孔子有言:'朝闻道,夕死可矣。'人应该活在当下,抓住现在,学有所得,心有所悟。今天就是快乐的,何必管虚无缥缈的明天呢?"夏侯胜听了之后精神为之一振,内心里大为感动,当即答应了黄霸的请求。从此俩人席地而坐,每天夏侯胜都悉心向黄霸传授《尚书》,黄霸尽心听讲,二人日夜讲学津津有味,研读到精妙处,时不时还抚掌大笑。监狱的看守过来察看,被他们弄的一头雾水,搞不懂两个将死的人为什么这么快乐。

后来,汉宣帝感叹俩人之贤,不忍杀之,以至此案久拖不决。两年之后,汉宣帝大赦天下,夏侯胜被任命为谏大夫,留在皇帝身边,黄霸为扬州刺史,外放做官。后来,夏侯胜以正直博学做了太子的老师,黄霸以精明干练、政绩卓著名扬天下,后来官至丞相。

库里希坡斯曾说:"过去与未来并不是'存在'的东西,而是'存在过'和'可能存在'的东西。唯一'存在'的是现在。"昨天和过去都是虚无的,只有现在,是唯一真实的,也是女人应该用全身的力气好好珍惜的。

生命历程中,难免会有一些伤痛。绝大多数人本能地选择逃避,因为那似乎是最容易选择的一条路。然而随着年岁增长,往事在心头越积越深,你逐渐发现,曾经逃开的伤痛并没有因为远离而过去,只不过是以另一种更为隐蔽的方式藏匿在内心深处,影响着你的选择。可是,牢牢记住昨天,对你的人生有什么意义呢? 它只会成为你沉重的包袱,让你找不到人生正确的方向,丢掉过去,才是此刻你真正应该做的。

我们小的时候,总爱幻想自己长大后的模样,想象自己可以上哪所大学;等上了大学之后,又开始期盼一份理想的工作,一段美好的姻缘;结婚之后,又会想为孩子创造幸福的童年;等老了的时候,又会为自己的孩子,甚至孩子的孩子筹划未来。我们永远都在为明天的事情做打算,永远都活在期待与等待中,却很少真正体味当下的此时此刻。

人生苦短,意外的事情随时都有可能发生,正所谓计划不如变化。不管我们表现得好与坏,昨天已经过去,永远不会再回来,而明天还是个未知数,不知道等待我们的将会是什么。对我们每一个人而言,其实能把握的只有今天,只在当下。只有当我们认真地处理好当下的每一件事,开开心心地过好每一个当下,我们的过去才有可能充满欢乐,而我们的未来也才可能会充满希望阳光灿烂。

马斯洛说过:"心若改变,你的态度跟着改变;态度改变,你的习惯跟着改变;习惯改变,你的性格跟着改变;性格改变,你的人生跟着改变;在逆境中依旧心存喜乐,认真活在当下。"当你年老的时候,回顾自己的一生,你会不会对自己的人生留有遗憾?人生之所以不圆满,是因为我们没有好好珍惜当初的那一刻。女人,如果不想自己在生命的尽头带着遗憾离开,就把握好现在的每一个当下吧。

努力在工作中好好表现,你就能享受脚踏实地的坦荡和心安;善待自己的亲人和朋友,你就能享受有人陪伴、有人关心的温暖;把自己打扮得漂漂亮亮的,你就能享受女人青春最灿烂时的骄傲;珍惜生命中的每一分每一秒,你就能享受生命充实的满足。抓住当下,你能看到周围更多美丽的风景,体味生活更多令人欢喜的温情,活得自在,活得快乐。

每天都是一个新的开始

当午夜十二天的钟声响起的时候,昨天已经成为过去,今天又是一个新的开始。或许,昨天的事,刻骨铭心;或许,昨天的事,令你痛苦至极,可是,无论它是好的还是坏的,是快乐还是悲伤的,都已经永远地定格在了过去,不会成为你的明天。你的命运,就在今天的每一分每一秒,就在还未可知的下一刻。

有一个小女孩,出生时母亲因为难产去世了,在她10岁的时候,因为贪玩,没有注意马路上疾驰而来的汽车,父亲为了救她,失去了一条双腿。邻居们说,她是个扫把星,天生就是克父母的。小女孩也十分伤心,她认为,如果没有自己,妈妈就不会死,父亲也不会少一条腿,她憎恨自己的存在,所以她开始封闭自己,拒绝和所有的人说话。

一天晚上,父亲告诉小女孩,自己想看日出,希望小女孩明天能够陪自己去海边。第二天,小女孩早早地起床,陪父亲来到海边。当清晨第一道曙光照射在小女孩身上的时候,她感到许久都不曾感受到的温馨。这时候,小女孩的父亲对她说:"早晨的太阳真美啊,今天又是一个好的开始。昨天我梦到了你妈妈,她说好久都没看到你笑了,她多想看到你笑啊。不管别人说什么,我和你妈妈都是爱你的,都因为你的存在而感到幸福。孩子,过去的就让它过去吧,如果你能用心过好今后的每一天,我和你妈妈就没有任何遗憾了。不如爸爸和你约定,以后我们经常来看日出,把每天都当作一个新的开始,开始我们新的生活,好吗?"

看着爸爸关切的脸庞,小女孩开始意识到,自己的生命是用妈妈的生命和爸爸的健康换来的,如果自己真的活在自责当中,那爸爸妈妈都不会开心的。只有自己好好的,他们才能欣慰。就像爸爸说的那样,过去的就让它过去吧,以后每一天,都是新的开始。

从此以后,小女孩不再自责了,把每天都当作一个新的开始,还经常陪爸爸一起看日出,享受清晨第一缕阳光的照射。

太阳每天都会在不经意间悄悄升起,每天都会有新的希望诞生。太阳代表着光明,代表新的希望,新的起点。也许会有阴天的时候,那并不代表今天的太阳不会出现,你只是缺乏发现的眼睛。要知道,每天中午太阳都会准时的升上顶端,不必在乎它何时会降落,因为它还会升起,希望还在。

命运少不了坎坷的阻碍,但不同的人却选择了不同的态度来面对,而这恰恰是一个人成功的关键之所在。遭受宫刑之辱的司马迁选择放下过去,书写出了辉煌之《史记》;经历长达半生监禁的曼德拉选择放下过去,重新走上了就任南非总统的典礼;面对一贬再贬的困境,苏东坡也选择放下,巨擘一挥,一吟成千古,一叹为绝唱。他们都曾是命运途中的失败者,可失败的阴影阻挡不了前行的步履。因为他们懂得,明天,又是一个新的开始,没有必要一直沉浸在昨天的悲伤当中。

当迎接清晨第一道曙光的时候,你必须保持高昂的斗志,迎接新的一天。今天必须是全新的一天,今天才有可能是成功的一天。尽管今天也会遇到暴风雨,也会遭遇失败,但你必须要有坚定的信念。要知道,你已经经历了各式各样失败的洗礼,已经洞悉了世事发展的规律,你已经具备了足够的能力,让今天跟以往所有的过去有所不同,让今天变得称心如意。

每天都是一个新的开始,挥挥手,和昨天轻松说再见;每天都是一个新的开始,无论发生什么,你都要学会勇敢面对,做自己生活的主人;每天都是一个新的开始,要以乐观的心,迎接清晨的阳光,享受清风吹拂的舒畅;每天都是一个新的开始,告诉自己,你在这个世界上是独一无二的,是不可或缺的。在新的一天,你也是全新的你,有希望,有梦想,有魄力,有坚定的信念,可以亲手为自己打造一个美好的明天。

当代大提琴演奏大师帕波罗·卡萨尔斯在他 93 岁生日那天说："我在每一天里重新诞生,每一天都是我新生命的开始。"是的,让我们忘却身后的人生起落,从今天开始,从现在开始,从零开始,走出一条属于我们的更好的人生之路,请不要忘记:命运就像掌纹,尽管曲折,但它永远都掌握在我们自己的手中!

每天都是全新的一天,我们必须调整好自己,以最佳的状态迎接新的一天的挑战。也许今天又是吉凶未卜的一天,但你必须告诫自己,我已做好了充分的准备,我可以应对一切变化。

开阔心胸,享受生活

雨伞和雨衣是一对好朋友,一到下雨天,雨伞就得到主人的重用,因此,它过得很快活。可好景不长,雨衣得到了重用,雨伞感到非常失落,对雨衣的态度很快由友好变成了嫉妒。

一天,雨衣刚工作完,就舒舒服服地躺在一边睡起觉来。雨伞觉得这是个大好的机会,于是就来到雨衣旁,用伞头把雨衣扎了个大洞。

又是一个雨天,主人把雨衣拿出来,发现有个破洞很心疼。于是他拿出剪刀,从雨伞上剪下来一块布,缝在雨衣上。因为主人的手巧,补丁变成了一朵美丽的花,雨衣比以前更漂亮了,而雨伞却被丢在了垃圾箱中哭泣。

生活中,像雨伞这样的人比比皆是。有人为了争名逐利,勾心斗角,甚至不惜伤害、诋毁同伴、朋友,到头来却伤害了自己。俗话说:"宰相肚里能撑船。"做人,要把眼光放远一些,不为别人的优秀而嫉妒,也不为别人的失意而洋洋自得。开阔心胸,才是尽情享受生活的秘诀。

一个人生活在社会上,自然要与其他人打交道,会碰到各种各样的人,也免不了磕磕碰碰。但有人看得开,有的人却因为一点点小事耿耿于怀。一个人争强好胜、死要面子,往往显得小肚鸡肠。三国时吴国的周瑜,年纪轻轻就大权在握,然而因为嫉妒诸葛亮的才干每每长叹:"既生瑜何生亮!"只三次不服气就活活地被气死了,何苦来哉;《红楼梦》中的林妹妹,心思有些敏感,可能言者无心,可到了她那,就成了听者有意,还为此多流了许多眼泪。

宋朝名相王安石,如果在发现年轻的侍妾和家丁私通的时候,一气之下,把两个人都送到官府,也就不会留下"宰相肚里能撑船"的千古美谈。就是因为他心胸开阔,想得开,看得开,觉得自己年纪已然老迈,而侍妾正是青春好年华,并且侍妾和家丁年纪相当,两人情投意合,所以才大度地成人之美,撮合了两人的好事。

贞观年间,就是因为唐太宗李世民胸襟开阔,广开言路,广纳贤才,所以才会出现魏征那样的"一代谏臣",至死都不忘向他纳谏,长安才会有络绎不绝的外国商人和留学生,才最终成就了历史上经济政治文化大繁荣的"贞观之治"。

雨果说:"世界上最宽阔的是海洋,比海洋宽阔的是天空,比天空宽阔的是人的胸怀。"不管生活如何磨人,如何将你压缩在一个四方的小盒子里,但思维的空间是不受限制的,心灵的视野没有藩篱,无比宽广,任你驰骋。打开心胸,让其飞上宽阔蔚蓝的天空,享受生活的美好。

女人处理周围人和事的时候,更应豁达大度。夫妻之间要注重感情,淡化道理,强调优点,忽视缺点,忘记过去,重视现在,在生活中的一些琐事处理上要"难得糊涂";对子女只提供建议和帮助,绝不能包办代替,要相信他们的能力,相信他们能够处理好自己的事情;对待朋友要懂得远距离看人,近距离看己,宽以待人,友谊才能够天长地久。生活上豁达的胸襟,可以为你免去诸多烦恼,让你能够好好的享受生活。

在这个世界,我们的身边总有一些人是那么热心,富有爱心,使自己的生活变得美好的同时,也使别人的生活充满希望。面对这样的爱,我们只有用一颗感恩的心,用爱去回报,让"爱"在我们手中继续传递。这样,我们的世界将变得更加温暖。多记住他人的好,忘记他人的不好,这样,你的世界就会充满了爱,充满了温暖,这样,你就能享受到他人享受不到的快乐。

快乐是生活的心态,当你遇到烦恼时,不妨把它当作生活和你开的善意玩笑。甜是生活给你的一枚奶糖,都记下来,明天你就能收到更甜的奶糖;苦是生活给你的考验,以宽广胸襟真诚面对生活,后面终会是甜的。

心胸开阔、性格开朗、潇洒大方、温文尔雅的女人,会给人以阳光灿然之美;雍容大度,通情达理、内心安然,淡泊名利的女人,会给人以成熟大气之美;明理豁达、宽宏大量、先人后己、乐于助人的女人,会给人以祥和善良之美。宽容是一种修养,是一种品质,更是一种美德!人生如此短暂,为什么不以开阔的胸怀,充分享受生活的美好呢?

第 19 章

女人保持快乐的心灵秘招

当女人唱着快乐的歌曲,一路快乐前行的时候,她发现,快乐其实是一件很简单的事情。播下快乐的种子,就能收获快乐的果实,拥有快乐之心,生活就会充满欢声笑语。对容易满足的女人来说,快乐随处都是;对于贪婪的女人来说,快乐则是世界上最奢侈的礼物。快乐是一种心态,是女人心情愉悦时最真实的声音,要想快乐,就在心底播下快乐的种子。

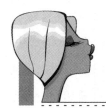

心中有希望，你就是成功者

有一部叫做《当幸福来敲门》的电影，已近而立之年的克里斯·加德纳，早已经厌烦了作为一个普普通通的医疗器械推销员的职业，他不甘心这样庸碌一生而终。于是，克里斯·加德纳不顾妻子的反对，下定决心转行，投入到奉献颇高却也回报不菲的股票行业，并准备凭借自己的灵活头脑大展拳脚一番。

然而，瞬息万变的股票业的风险岂是经验单薄的克里斯·加德纳可以应付的，他的成功梦很快就遭受了沉重的打击——多年来积累的家底被迅速耗尽，连自己的房子也被银行抵押，伤心的妻子琳达更是甩手离去，留下加德纳只有五岁的儿子克里斯托弗与自己共同艰难度日。除了可爱的小儿子，加德纳一无所有。

带着儿子，克里斯一边卖骨密度扫描仪，一边作实习生，后来还必须去教堂排队，争取得到教堂救济的住房，为了生活，克里斯·加德纳甚至去卖血。但如此惨淡的磨难却从未摧毁父子间的亲情与他们的信念，怀着对生活的希望，加德纳愈发地坚强起来，并迸发出了惊人的斗志，不仅获得了股票经纪人的工作，并创办了自己的公司。

只要有希望，生活就不会陷入绝对的失败当中。女人的一生当中，随时会碰到困难和挫折，甚至还会遭遇致命的打击。在这种时候，心态积极还是消极会对事业的成败产生重大的影响。如果你心存希望，永葆积极的心态，总有一天成功会降临在你身上。

德国人经常说："即使世界明天毁灭，我也要在今天种下我的葡萄树。"成功女人对待事物，不看消极的一面，只取积极的一面。如果摔了一跤，把手摔出血了,她会想:多亏没把胳膊摔断;如果遭了车祸,撞折了一条腿,她会想:大难不死必有后福。她把每一天都当做新生命的诞生而充满希望,尽管这一天也许有许多麻烦事等着她;她又把每一天都当做生命的最后一天,倍加珍惜。

古人说过,"哀莫大于心死"。在任何时候,困难与挫折是不可怕的,可怕的是我们心中没有了希望,生活中抛却了执著。当自己不存在任何想法的时候,必然就会失去对生活的激情,而大凡成功者,无一不是在困难之时,审时度势地果断站起来,不畏艰难险阻、勇敢挑战自己,挑战生活,满怀希望地一步步走下去,实现自己的理想和追求。

在一个讲座中,演讲的学者问台下有没有买过彩票的,一个年轻的小伙子勇敢地站了起来,说:"我没买过,因为中大奖的机会太小了。"老师说:"有没有二元钱,对我们的生活并没有影响。但是,如果你去买一张彩票,有幸中个五百万回来,是不是就会从此改变你的生活?虽然中奖的机会只有亿分之一,但总是有希望的,如果你不去买,则没有一丝希望。"

无论机会多么渺茫,人绝不能丧失希望。在任何时候,只要站起来比倒下去多一次机会,就会有成功的可能,只要坚持不懈的努力,总有一天会成功。当你连希望都没有的时候,成功也就彻底地远离了你,你就注定只能成为生活的弱者。

只有那些对自己没有信心的人,才不敢有希望,因为她怕自己有一天会失望,更怕自己会彻底地绝望。希望是梦想,是指引我们前进的灯光,更是促使我们进步的动力。在生活中,如果我们对什么事情都不抱希望,就像在大海中行驶的轮船,突然之间失去了航向,结果可想而知,不是触礁,便是漫无目的地漂流在海上。所以,不管我们遇到的情况有多糟,一定要告诉自己,只要还活着,就有希望,就会有成功的一天。

生活中,女人常常失败,这并不是说女人注定不如男人,而是因为女人很容易丧失生活的希望。认为自己不是经商的料,所以甘愿在家相夫教子,将梦想深深埋在心底;认为自己各方面条件不够优秀,不配嫁个好老公,所以糊里糊涂嫁了人,不敢追求更好的爱情。没有希望的女人,生活注定是黑暗的,永远不可能到达成功的彼岸。只要心中有希望,生命就还有无数的未知,下一刻,你就有可能是自己一直仰视的成功者,所以,女人没有什么,也不能没有希望。

微笑,女人心灵的氧气

女人可以不漂亮,但一定不能没有微笑。微笑,是女人最动人心弦的面部表情,当女人真诚微笑的时候,那种感动,胜过千言万语,胜过任何华丽的辞藻。一个微笑,承载着一颗真心;一个微笑,寄托着一份祝福;一个微笑,孕育着一份希望。

爱笑的女人是充满活力的,每天面带笑容,神采飞扬,因为对生活的热爱,对事物的感悟,她活出了自己的精彩;爱笑的女人有自己的精神寄托和爱好,读书、品茶、听歌或者自己弹曲,她尽情地享受生活,生活也因为她而变得更加美丽。

齐佳已经结婚8年了,工作非常辛苦,每天早上匆匆忙忙地去上班,晚上带着一身疲惫回到家。忙碌的工作使齐佳感觉不到任何生活的快乐,脸上的笑容自然也很少出现。

一次在广场上,齐佳看到一个女孩在阳光下灿烂地微笑,那一刻,她觉得自己都快要融化在这笑容里面了。齐佳很羡慕那个女孩,也想拥有那样的笑容,所以她决定尝试着改变一下自己。

早晨起床之后,齐佳把自己收拾得整齐漂亮,对着丈夫微笑着问候:"早上好,老公!"丈夫惊愕不已,但是非常开心,从此以后,他们家的气氛变得轻松愉快多了。

约朋友再咖啡厅里见面,齐佳首先冲他们温柔一笑,然后朋友很真诚的告诉她:"我喜欢你这样微笑。"从此以后,齐佳和朋友之间的关系变得更亲密了。

上班时,齐佳对大楼门口的保安热情地打招呼,对那些平时看起来很讨厌的客户微笑。很快地,她发现每一个人对她的态度变得友善了,她的工作开展得也更顺利了,人际关系也更融洽了。

微笑改变了齐佳的生活,使她变成了一个快乐的人,一个在各个方面都很富有的人。学会微笑之后,齐佳发现:生活就像一面镜子,只要你对它微笑,它也会对你微笑。

有人说"微笑是世界上最美的表情",女人总是喜欢用化妆品和漂亮的衣服来打扮自己,却不知道,微笑才是自己最华美的包装。微笑可以穿越时间、地点的限制,让人感受到你阳光般温暖的内在,并使心底隐藏的罪恶、嫉妒、狭隘、贪婪等得到净化。

女人的笑是充满神秘的,蒙娜丽莎的笑容,给人许多想象的空间。她是在面对着她的情人,还是在想一件美好的往事,或者温存后满足的笑容,这些都无从考究。但是透过个那笑容,有一千个可能,更有一万个美好的想象。

女人的微笑有无穷的魔力,这一笑,可以让狮子般为事业厮拼的男子汉顿感轻松;这一笑,可以化解许多大大小小的矛盾,化干戈为玉帛;这一笑,可以减少商业生活中你死我活的纷争,在这一刻,女人便是天生的民事纠纷调解员。

仔细想想,生活中有许多值得我们开心一笑的事情:丈夫轻轻地吻,值得我们微笑;孩子调皮的嘴脸,值得我们微笑;工作中真诚的褒奖,值得我们微笑;路人好心的帮助,值得我们微笑。别人对我们微笑,我们理所当然应该以微笑报之。

女人在生活中,一定会经历种种酸甜苦辣,发生各种各样的事情,没有人可以预料明天会发生什么,但女人可以把良好的心态当做人生的指挥棒,相信自己才是自己命运的主宰。一个懂得微笑的女人,能够掌控自己的生活和命运,不被世事烦恼,不为无聊的事烦忧,她们用微笑,包容一切,感悟一切。

对经常微笑的女人来说,微笑是一种对待生活的态度。不管发生什么样的事情,她们相信只要自己微笑着积极地面对,既不怨天尤人,怪时机不好,也不自怨自艾,怨自己运气太差,事情就总会有云开雾散、柳暗花明的一天。与其浪费时间找理由找借口,不如想办法补救,把损失降低到最小。微笑的女人是积极的,更是务实的,她们从不为过去的事而耿耿于怀,对她们来说,把眼前的事情做好,让自己每时每刻都快乐才是最重要的。

笑容是盛开的花,笑容是丰腴的果,笑容是夏日的清风,笑容是冬日的阳光。世界因为女人的多姿多彩而变得美丽,而爱笑的女人因笑容灿烂,像阳光般照亮了每个人的心,也感染了每一个人,使她最终成为了一道独特而美丽的风景。

女人应该会笑,试着笑,并练习着笑。笑得甜,笑得开心,笑得声音像铜铃儿一样好听。只要笑得真诚,你就会变得美丽,变得可爱,成为一个真正会生活的女人。不要吝啬你的笑容,因为它不需要任何代价,却可以给你丰厚的回报。

自信的魅力可以隽永

女人感觉自己是什么样子,她就是什么样子。如果你认为自己一无是处,你就不会在自己的衣着、举止、谈吐上下功夫,邋里邋遢、坐没坐相、站没站相,真的变成一无是处的人;如果你认为自己美丽而富有价值,你就会很在意你的衣着、形象，并以最好的风貌示人，这时，你就如你所期望的那样，成为一个美丽而有价值的人。

"自信是女人最好的装饰品，一个没有信心，没有希望的女人，就算她长得不难看，也不会有令人心动的吸引力。"这是著名小说家古龙说的一句话。自信的女人，不一定天姿国色，不一定闭月羞花，甚至可能相貌平平，但是，因为那份自信，她们瞬间便变得光彩耀人，变得淡雅高贵，因而，无论在哪个场合，她们都是最耀眼的焦点，而且永远不会因为容颜的衰老而失去自己的魅力。

几个年轻的女孩一起到某公司应聘，面试时间都过去十几分钟了，可左等右等就是不见考官，也没有人向她们解释这到底是怎么一回事。百无聊赖之下，有人玩起了手机，有人小声地在打电话，有几个女孩则干脆聊起了娱乐八卦。只有一个女孩觉得这样等下去不是办法，大胆跑去询问公司的经理。没想到，她被公司录用了。因为她的举动，让经理觉得她很自信，遇到事情能够积极主动地面对，不逃避问题，正是公司所需要的人才。所以，她胜出了。

历史和现实证明，自信可以将人从卑下的社会底层提升到上层社会，使穷汉变成富翁，使失败者重整旗鼓，使残疾人享有健康……自信的力量就在于人可以在强烈的欲望冲动下，把那些不可能的事变成可能，把"自己不行"的卑微感彻底抛开，昂首阔步地走向成功。

女人可以长得不漂亮，地位可以不高贵，生活可以不富裕，学识也可以不渊博……但是，绝对不能失去自信。因为，任何女人都有充分的理由相信：我不漂亮，但是我很健康；我不高贵，但是我很快乐；我不富裕，但我知足；我知识不够渊博，但我一直没有放弃努力……

有一位女歌手，第一次登台演出，内心十分紧张。只要想到自己马上就要上场，面对上千名观众，她的手心就会冒汗："要是在舞台上一紧张，忘了歌词怎么办？"越想，她心跳得越快，甚至产生了打退堂鼓的念头。

就在这时，一位前辈笑着走过来，随手将一个纸卷塞到她的手里，轻声说道："这里面写着你要唱的歌词，如果你在台上忘了词，就打开来看。"她握着这张纸条，像握着一根救命的稻草，匆匆上了台。

因为有那个纸卷握在手心，她的心里踏实了许多。她在台上发挥得相当好，完全没有失常。她高兴地走下舞台，向那位前辈致谢。前辈却笑着说："是你自己战胜了自己，找回了自信。其实，我给你的，是一张白纸，上面根本没有写什么歌词！"她展开手心里的纸卷，果然上面什么也没写。她感到惊讶，自己握住一张白纸，竟顺利地度过了难关，获得了演出的巨大成功。

"你握住的这张白纸，并不是一张白纸，而是你的自信啊！"前辈微笑着说道。

在以后的人生路上，这位歌手凭借着自信，战胜了一个又一个困难，取得了一次又一次的成功。

自信是一种精神状态，它让人的内心饱满充盈、富有活力，同时外表光彩照人、洋溢魅力。正所谓水因怀珠而媚，山因蕴玉而辉，女人因自信而美。自信的女人从容大度，舒卷自如，双目中投射出安详坚定的闪亮光芒。

生活中，人们大都喜欢自信的人，因为绝大多数人都知道自己有这样那样的弱点，有或重或轻的自卑心理。在面临困难和险境时，自信的人常常是值得信赖并能给人以希望的。即使他们不能帮助自己解决问题，至少也总是带给你信心和希望。与自信的人在一起，困难只是生活中一次不同的体验。

做女人，就做一个自信的女人，因为自信的女人，无论家庭、事业还是交际，都能一帆风顺，即使偶尔会出现挫折打击，也能被她们轻巧化去，一举手、一投足，便能使事情向着有利于她们的方向转去。这样的女人，是父母的骄傲，是情人眼中的西施，是朋友值得依靠的臂膀，拥有自信，就拥有了通往幸福的通行证。

青春、美丽都会随着时间的流逝而随风逝去，但自信，却可以在时间的磨砺中成为你永恒的魅力。如果你担心自己会被时间侵蚀而失去光彩,那就从今天开始,修炼你的自信,努力把自己打造成一个自信女人。自信的女人像一坛陈年美酒,时间愈是久远,就愈有魅力。

最深的魅力源于心底的快乐

杜心雨刚刚离职,原单位老板的苛刻和工作的不愉快让她的心情失落到了极点。天空中下着淅淅沥沥的小雨,她走在大街上,偶然憋见一个理发店。想想自己也该理发了,而且她想从头开始自己新的工作,所以决定将头发剪短。

走进理发店,一个女孩满脸的微笑让杜心雨觉得很舒服。女孩带着高兴的语气问杜心雨想做什么样的发型,杜心雨说要把头发剪短,还要把它做直。

做头发的时间很长,女孩就和杜心雨聊起天来。女孩很开心的告诉杜心雨,自己的小店刚开张,现在生意还不是很好,但她有信心情况会好转的。女孩还告诉杜心雨,自己现在正在养长头发,因为一年之后想和男朋友结婚,她想做漂亮的新娘。然后,女孩给她讲了客人的一些趣事和几个笑话。杜心雨从来都没有见过这么乐观的女孩,不禁也被她快乐的情绪感染了,暂时忘记了工作上的不愉快。

后来,杜心雨成了那家小店的常客,还介绍朋友光顾那里,不是因为那个女孩理发的技术很好,而是杜心雨能感受到女孩发自内心的快乐。和那个女孩在一起的时候,杜心雨总是觉得生活是美好的,无论发生什么事,只要笑一笑,都会过去的。

魅力源自内心的快乐,当人们快乐时,地狱也是天堂。当女人发自内心快乐的时候,花儿会为之失色,太阳也会为之失去温度。快乐是可以传染的,和一个快乐的女人在一起,自己也可以变得快乐。人生在世,快乐二字最难得,所以能让你快乐的女人,必定是最有魅力的。

快乐的女人也许不是出色的女人,但却是最有魅力的女人。假如一个漂亮的女人不快乐,那么她们的漂亮和能干又有什么意义? 而一个快乐的女人,知道怎样热爱生活,知道怎样让一生更有意义地度过。她们相信,生活总是钟情于创造快乐的人,所以,无论发生什么事,她都会以一颗乐观的心坦然接受。

英国作家萨克雷有句名言:"生活是一面镜子,你对它笑,它就对你笑;你对它哭,它就对你哭。"当女人快乐面对生活的时候,全身都会散发一种无形的光芒,吸引着周围的人走向她。聪明的女人会设法让自己快乐起来,她们知道,女人最美的时刻就是最快乐的时候,伤心、痛苦只会让自己变得毫无魅力可言。

一位年轻漂亮的女白领跟父母去老家探亲,邻居的一位叔伯婶婶给她留下了非常深刻的印象。那位婶婶大概 45 岁左右,眼角已经有了淡淡的鱼尾纹,而且身材臃肿,走起路来还一瘸一拐的。女白领心想,要是自己长成她那样,估计都快郁闷死了。但是在那位婶婶的脸上女白领却没有看到丝毫的不幸。相反,她的脸上,不管什么时候,都洋溢着发自内心的快乐的笑容,像个孩子一样对什么都充满了好奇。跟她在一起,你会不知不觉忘掉所有的烦恼,觉得生活是那么地美好,她的笑容是那么地纯真,尽管她的身上存在这样那样的缺陷,却仍然让人感觉她非常有魅力。

真正懂得生活的女人是不会把生活看得如炼狱般煎熬,她们懂得享受生活所带来的痛苦和欢乐。她们知道虽然生活并不尽如人意,但是生活本身就是一段经历,只有懂得去享受痛苦时的刻骨铭心、欢乐时的自由欢畅,那才是生活的本真色彩。所以,她们无时无刻不在笑对人生,也让人一眼就能看清她们的魅力所在。

很多女人,将快乐寄托在外部发生的事情上,当她们得到自己期望的爱情,或者拥有自己想要的工作的时候,就会欢快的如春天的小鸟。但是,当她们没有赚到足够的钱,或者没有得到自己想要的房子的时候,就会绷着一张脸,好似今天就是世界末日一样。其实,快乐是一种心境,真正懂得享受生活的女人,是不会因为生活的得失而或喜或悲的。无论发生什么事,她们都会发自内心的微笑,享受自己每时每刻真实的存在。

古人云:"境由心生"。女人若是拥有一颗快乐之心,就必定拥有活力和激情,必会对生活充满信心和热情。她们会及时充电,吸取新的知识和信息养料,不甘落伍,并懂得如何自我欣赏、自我调节、丰富自己、使自己聪慧而典雅。快乐的人,会为了自己的梦想努力,会为了美好的生活而奋斗。

快乐是女人最好的彩妆,快乐是女人最华丽的衣裳。对于女性美丽的标准,不同种族、不同国家和不同时代的人们有着不同的认识。然而,人们对魅力的理解却很相似,那就是:魅力源于心底深处的灿烂光芒。快乐的女人,在给别人带来愉悦的同时,也给自己带来一份自信。

敞开心灵,远离寂寞的笼罩

刺猬在受到威胁时会将自己缩成球状,然后竖起满身的刺来保护自己。当女人受到伤害时,常常会选择刺猬保护自己的这种方式,远远地离开人群,不和外人交流,完全沉寂在自己的世界中。然后,她们被寂寞压得喘不过气来,整个人都失去了生气。

被寂寞笼罩的生活是灰色的,没有任何快乐可言。可是,很多人却甘愿让寂寞把自己弄得千疮百孔,也不肯尝试着走出寂寞的阴影。没有人天生注定就是寂寞的,寂寞只是你选择的一种生活方式。只要你愿意,寂寞是可

第19章 女人保持快乐的心灵秘招

以治愈的,阳光也可以照进你的世界。

维拉因为一次大意,失去了自己的儿子,周围充满同情的眼光让她害怕,于是她搬到一个宁静的小镇上,想过没有人打搅的生活。在新的环境中,维拉却逃离人群,拒绝和所有人说话,她独自一个人,啃噬着失去儿子的伤痛。

小镇上有个叫芬巴的侏儒,因为身体的缺陷,他总是成为别人关注的目光,可是,他从不为此而感到惭愧,他总是热情地和周围的人打招呼,尽自己所有的能力帮助小镇上的人解决所有的困难,他,成了小镇上最受欢迎的人。

一次偶然的机会,维拉认识了芬巴,芬巴的乐观深深地吸引了她,后来,芬巴成了她唯一的朋友。于是,芬巴知道了维拉的故事,也明白了她孤独寂寞的生活。

芬巴希望维拉能敞开自己的心灵,于是他发动小镇上所有的人,给这个可怜的母亲一点温暖。当维拉走在大街上的时候,所有的人都会热情地和她打招呼,好似他们是认识很久的朋友;还有络绎不绝的人,不停地敲响维拉的家门,请她参加他们的家庭聚会;小镇上的孩子,还会时不时地跑到维拉家中,问她可不可以为自己做蛋糕。没有人提起维拉的孩子,但小镇上所有的人,用一颗真诚的心,治好了维拉失去孩子的伤口。

维拉知道,是芬巴帮助自己的,所以她亲自找芬巴道谢。芬巴告诉她:"如果你自己不愿意敞开心灵的话,我做所有的事都是白费力气,所以你最该感谢的人,还是你自己。将心门打开,你会发现,生活处处都是美好。"

在不幸刚刚降临之时,似乎整个世界都停止运行了,而我们的苦难也似乎会永远在我们的生活中。但是,无论如何,我们总得生活,我们要继续完成我们生活的使命。而一旦我们圆满地完成了自己的使命,痛楚也会逐渐减轻。总有那么一天,我们又重新快乐起来,会觉得自己是被保护的,而不是被伤害的。时间是我们克服不幸的最好的朋友,我们要敞开自己的心灵,接受那不可避免的命运,这样,才不会在痛苦的深渊里苦苦挣扎,才不会让自己有寂寞的机会。

女人时常抱怨自己没有能够与她共享幸福,同担痛苦的知己,抱怨爱情沾染上了金钱的铜臭味,抱怨现代人已淡忘了友情,悖离了真诚,所以,她们选择紧闭自己的心门,任寂寞夜夜来袭。可是,这些寂寞的人却不知道:友爱不会像包装精美的礼物一样送上门来,想得到别人的欢迎,并不像接到邀请信那样容易,你要自己付出努力才行。是你自己将自己排挤在了友爱之外,是你,给了寂寞侵袭的机会。

心,需要沟通,需要理解,需要友爱。如果你紧闭了心灵的大门,别人自然不愿吃你的闭门羹。相反,如果你敞开心门别人则会络绎不绝地踏进你的心门,让你没有时间与寂寞为伴。敞开你心灵的窗口,心的嗅觉才能嗅到新鲜空气,心的歌声才能冲上云霄,心的目光才能直接与阳光交流。让自己真正走出困境的力量还是来自内心的开放。你只有打开封闭的心灵,才能让希望之风温暖你的内心。

女人,如果缺少爱,就去找个心爱的人呵护你,照顾你,给你爱情的滋润;如果缺少朋友,就抓住一切机会广交朋友,和她们吃个饭,开个玩笑,享受有朋友相伴的幸福;如果缺少亲情,就冲爸爸妈妈撒个娇,让他们给自己更多的关注。这样,你就能获得温馨的世界,快乐的生活。

寂寞是痛苦的,就像在心野上种了一片荆棘,疼痛流血的只能是自己。心灵是无限的,比大海宽广,比蓝天宽广,比大地宽广。我们为什么要封闭心灵去咀嚼苦涩的岁月?我们有什么理由不能敞开心灵,去享受纯粹的人生?没有人愿意做寂寞的人,没有人愿意啃食寂寞的伤痛,这时候,何不试着敞开心扉,给自己一个远离寂寞的机会。

换一种心情,换一种生活

或许生活中有许多令你不开心或是非常担心的事,或许你觉得上天不公,把所有痛苦和不美好都给了你,又或者你的人生从一开始便有一丝缺陷,你觉得自己天生比别人差一些,但是世界上没有不弯的路,人间没有不谢的花,哪个人的生命旅途是一帆风顺,没有丝毫风雨的呢? 生活是艰难的,你无法逃避,积极面对才是解决问题的真正办法。然而,当挫折和逆境让我们感到无能为力时,换一种心情,换一种思考方式,该在意的要在意,该放下的就放下,或许问题便迎刃而解了。

从前有一个老太太,她没有儿子,只有两个女婿,大女婿是开染坊的,二女婿是做油伞的。这个老太太整天愁眉苦脸的,总是忧心忡忡。

这天有个货郎路过,见到她整天忧心的样子,就好奇地打听原因。

老太太说:"我没有一天不发愁,我为女婿的生意担心啊。晴天我惆怅,我二女婿的油伞卖不出去,他不能开张;雨天我也发愁,你看,我大女婿的染坊晒不成布他也不能开张。哎呀,愁死我了!

货郎听后,哈哈一笑:"您为什么不换个角度想呢? 晴天,你应该高兴,你看,你大女婿的染坊生意红火了;下雨天儿,你也应该高兴,你二女婿的油伞都卖出去了。"

老太太一听,对呀,是这个道理。从此,她天天快乐,精神好了,日子也红火了。

生活中像这个老太太一样想问题的女人着实不少,她们希望自己的老公有本事多赚钱,又怕老公有钱了就去外面拈花惹草;她们想减肥又怕自己吃太少营养不良;想吃红烧肉又怕热量太高会长胖……整天这样忧心忡忡的,怎么可能过得开心呢? 其实,像那个货郎说的那样,换个角度想问题,让自己的思想彻底解放,你想美好的事,生活便是美好的,心情也会舒畅很多;你想发愁的事,你的困难也不会减少。

曾经有个非常快乐的女人,大家都很羡慕她,有人就问她:"为什么你每天都是那么快乐呢?"她说:"我每天起床的时候都要问自己,你今天是要快乐还是要痛苦呢? 我当然选择快乐,所以我每天都是快快乐乐的。"

心理学家曾做过"半杯水实验",较准确地预测出乐观者和悲观者的情绪特点。悲观者面对半杯水说:"我就剩下半杯水了。"乐观者则说:"我还有半杯水呢!"因此,对乐观者来说,外在世界总是充满着光明和希望。

一美国人着泳装在撒哈拉沙漠游玩,一群非洲土著人好奇地盯着他。

"我打算去游泳。"美国人说。

"可海洋在 800 公里以外呢。"非洲土著人提醒道。

"800 公里!"美国人高兴地说,"好家伙,多大的海滩哪!"

在悲观的人眼里,沙漠是葬身之地,800 公里是遥远,人生是痛苦;在乐观的人眼里,沙漠是海滩,800 公里是享受,人生是希望。

乐观使人经常拥有轻松、自信的心境,情绪稳定,精神饱满,对外界没有过分的苛求,对自己有恰当客观的评价。乐观的人在受到挫折、失败时,常会看到光明的一面,也能发现新的意义和价值,而不是轻易地自责或怨天尤人。而悲观者一般是敏感、脆弱、内心情感体验细致、丰富,一遇挫折就会比一般人感受得深,体验得多。

心理学研究证实:如果女人想的都是快乐的念头,她就能快乐;如果她想的都是悲伤的事情,她就会悲伤;如果想到一些可怕的情况,就会害怕;如果沉浸在自怜里,大家都会有意躲开她。如果女人想的尽是成功,那结果又会怎么样呢? 答案是她会成功。乐观与悲观部分是与生俱来的,但天性也是可以改变的。乐观与希望都可学习而得,正如绝望与无力也能慢慢养成。

第19章 女人保持快乐的心灵秘招

面对人生的诸多波折，诸多不如意，如果我们无力改变现状，也不要烦躁、焦急或是暴跳如雷，做这些无济于事的举动只会给自己徒增烦恼。学会放下无谓的执著，换种心情，以欣赏的心态耐心等待，柳暗花明的一刻也许更会早些到来。

参考文献

［1］吴淡如.性格决定幸福［M］.南昌:21 世纪出版社,2008.

［2］金韵蓉. 幸福女人的芳香生活［M］.北京:中信出版社,2005.

［3］史玉娟.会说话的女人受欢迎［M］.北京:中国纺织出版社,2008.

［4］田秋.聪明女人经:女人掌控生活的智慧［M］.北京:新世界出版社,2009.

［5］咖啡猫女.女人口才全攻略［M］.北京:中国纺织出版社,2010.